谨言慎行的力量

向南怀瑾学律己

钱静◎著

中华工商联合出版社

图书在版编目（CIP）数据

谨言慎行的力量 / 钱静著．-- 北京 ：中华工商联合出版社，2017.2

ISBN 978－7－5158－1927－3

Ⅰ．①谨… Ⅱ．①钱… Ⅲ．①人生哲学－通俗读物 Ⅳ．①B821－49

中国版本图书馆 CIP 数据核字（2017）第 011186 号

谨言慎行的力量

作　　者：钱　静
责任编辑：吕　莺　张淑娟
封面设计：信宏博・张红运
责任审读：李　征
责任印制：迈致红
出版发行：中华工商联合出版社有限责任公司
印　　刷：唐山富达印务有限公司
版　　次：2017 年 8 月第 1 版
印　　次：2022 年 2 月第 2 次印刷
开　　本：710mm×1000mm　1/16
字　　数：184 千字
印　　张：16.5
书　　号：ISBN 978－7－5158－1927－3
定　　价：48.00 元

服务热线：010－58301130
销售热线：010－58302813
地址邮编：北京市西城区西环广场 A 座
19－20 层，100044
http：//www.chgslcbs.cn
E-mail：cicap1202@sina.com（营销中心）
E-mail：gslzbs@sina.com（总编室）

前　言

五千年来，中华文明源远流长，中华文化生生不息。文明、文化传承有序并不断发扬光大。南怀瑾，一位智者，一位孜孜在国学中探寻人生智慧，在治学、治家、为人、处事等多方面弘扬传统文化的贤者，其精神底蕴和人文内核里流淌着传统的情感，蕴含着中华文化的修养精粹，彰显着深邃的思想。

南怀瑾一生以生花妙笔书写出诸多传世的经典之作，内容涉及传统文化的方方面面，如文化、历史，哲学、道德、美学等，其中，南怀瑾的律己思想是其一生践行传统文化的最好体现。今天我们重读其经典著作，不仅仅是为了传承中华民族文化，也是提高个人修养、学习博大精深中国传统文化的好途径。

一个人的精神培育和成长历史体现了一个人的智慧史；一个人的人生历程实际上也是启迪智慧、修养性情，促进核心价值体系的形成过程。

在古代中国，律己思想是修身的重要内容。“律”字有两义，一为律己，一为律人。古人认为，人之所以为人者，在于人有修养，而律己与律人是人生重要的功课之一。《大学》对人的首要要求就是“修明其德”，而且是先修己德，再推及于人，最终修身而后齐家，齐家而后国治，国治而后天下平。自天子以至于庶人，一是“皆以修身为本”。律己与律人，是我国传统文化中修身思想的宝贵财富之一，也是社会所推崇的正确道德观和价值观。

历史上的贤德之士都是自我修养极高、修身律己的典范。如尧、舜、禹、汤、文、武、周公等，他们通过严格的律己，最终具有了高尚品德，同时他们的品德又使他们获得了令人称颂的美誉，为后世之人做出了榜样。

关于律己与律人，历史上有许多经典语录及名句，如“与人当宽，自处当严”，“律己则寡过，绳人则寡合”，“以责人之心责己，以恕己之心恕人”等。

如今虽然时代不同了，但正是因为我们所处的时代更加地物质发达，所以，如果不注意修养律己，保持应有的道德操守，我们就会在金钱和利益面前迷失方向，甚至误入歧途。而加强修养，加强律己，不仅为自己设置了道德底线，同时也建立了不迷失方向的灯塔。

目　录

第一章　泊一盏心灯，悠然前行

第二章　与人当宽，自处当严

第三章　唯坚忍二字，为成功之要诀

第四章　强学而力行，是为君子

第五章　淡泊以明志，宁静以致远

第六章　谨言慎行，是为根本

第一章

泊一盏心灯，悠然前行

金钱面前止“贪”很重要

《孟子》中有一段话，孟子说：“吾善养吾浩然之气。”

公孙丑问：“敢问何谓浩然之气？”

孟子说：“难言也。其为气也，至大至刚，以直养而无害，则塞于天地之间。其为气也，配义与道；无是，馁也。”

这几句话说得虽然比较抽象，但无非是说，浩然之气涵育着“直、义、道”等内容。孟子继承了孔子重义轻利的传统，又发展了“义利观”，进一步反映了中国封建社会正统的儒家思想对

“义”与“利”的阐述，对于我们今天仍有指导意义。也就是说，人必须以公利为出发点，不能被私欲所蔽。而这需要律己思想。

南怀瑾是律己之人，他的律己表现在对自己要求严格，对他人宽容相待。尤其在金钱及各种诱惑面前，更应保持清醒头脑。

古人云：“君子喻于义，小人喻于利。”南怀瑾认为，“义”和“利”是中国人进行道德评价的主要标准之一，也是考验一个人是否律己的试金石。因为人有什么样的义利观，在生活中就会采取什么样的取舍态度，也就会拥有什么样的人生。

孔子虽为圣贤，却赞成经商，也愿把知识待价而沽，但是他仍明确提出“重义轻利”的理论。“重义轻利”，主张公利精神的“义”，赞成“义利”的统一，提倡“利以义制，先义而后利”，也就是说，“义”和“利”相比，“义”更高，“义”应该是主导，谋利应该是有原则的，尤其要在此时有“律己”思想，“利”应该服从于“义”，要“见利思义，利后取”。一个人面对利益的时候，要先进行道德判断和是非判断，而这一切建立在律己思想上，再确定取舍，这样才能避免出现品性方面的偏差。

《论语》中记载，子贡曾是一个珠宝商，他十分懂得经商的真味。和他打交道的主要是各国的贵族，这些人的共同特点是喜欢收藏稀有的珠宝来显示自己的身份和地位。而珠宝又是没有固定价格的，它的售价可因买主身份的不同而有所不同。同一个珠宝，卖给大夫可能只卖十两黄金，卖给诸侯就可能以百两黄金的高价成交。同样，同一个珠宝，在普通商人手里，他们会认为是一般的货色，不肯出高价去购买，而到了富商大贾手里，特别是到了有名望的大商人手里，他们就会认为这是稀世珍宝，用十倍甚至百倍的价钱买来之后，还觉得很高兴。子贡做买卖时面对不同客户，不同售价，因而获利极多。他的商队最多时是“结驷连骑”，即车马成行。

子贡毕竟深得儒家仁义礼仪的滋养，在经商时重视从事慈善活动。他不贪婪，对穷人有同情心。一次，在做买卖的路上，子贡看到有一群贵族鞭打做苦工者。一打听，原来他们都是流落在他国的鲁国奴隶，于是子贡就自掏腰包替他们赎了身，并把他们送回鲁国。按照鲁国当时的法令，赎回在他国为奴隶的鲁国人是可以向官府领取赎金的，但是子贡没有去领取。后来，这件事为他带来了“博施于民而能济众”的美名。

子贡作为孔子的大弟子，常资助孔子到各国宣扬儒家的政治理念。众多史书证明，子贡在陪同孔子周游列国时确实一面宣扬儒家思想，一面在做着买卖。《史记》记载，孔子师徒被围困于陈蔡之间，断了粮，是子贡卖掉一部分所携带的货物，孔子师徒才摆脱困境的。

由于子贡的经济资助，儒家学派的政治主张广为传播，使儒家学说逐渐发展成当时的“显学”，孔子的名气也越来越大。而子贡作为孔门中的大弟子，社会知名度也大大提高，不仅是著名大商人，还是“名儒”。

据司马迁《史记》记载，当带领大队车马和随从的子贡去拜会所到之国的君主时，这些君主对子贡也不敢怠慢，都以上宾之礼来款待他。司马迁在评论这件事时，指出“使孔子名扬于天下者”，是子贡发挥了重要的作用，而子贡也因为经商而名声显赫，他们两人“相得益彰”。

毋庸置疑，在现今发达的经济社会中，我们安身立命必须有经济基础。但是如何追求利益？应该一切以公利为出发点，不为私欲所蔽，而这需要有极强的律己思想。因为做到这一点很难，欲壑难填是人的弱点，很多人爱财慕富、贪图荣华，还有一些人在位高权重的时候被眼前微小的利益所迷惑而忘记了其中可能隐藏的大灾祸；许多人只见利而不见害，最后因不能律己导致“坏了一生人品”，毁了美好的前程。这不能不引起我们的警惕！所以，古代圣贤智者认为，做人要以律己为本，以“不贪”二字为修身之宝，只有这样，才能战胜物欲，快乐度过一生。

曾国藩是一代名儒，深受中国传统思想浸淫，他继承了孔孟的学说，认为律己才能以国家大义为己任，才能有为国尽忠的浩然之风。他一生廉洁自律，兢兢业业，克勤克俭，这在贪污受贿成风、卖官鬻爵的腐败的清朝不能不算是一个可圈可点的人物。

曾国藩初办团练时，由于他秉承律己思想，有“不要钱、不怕死”的信条，为时人所称许。他写信给湖南各州县公正绅耆说：“自己才能不大，不足以谋划大事，只有以‘不要钱，不怕死’六个字时时警醒自己，见以鬼神，无愧于君父，才能招来乡土的豪杰人才。”

曾国藩曾对做人底线做了一个比较具体的说明：“欲求养气，不外自反而缩，行谦于心。欲求行谦于心，不外清、慎、勤三字。因将此三字各缀数语，为之疏解。清字曰：名利两淡，寡欲清心，一介不苟，鬼伏神钦。慎字曰：战战兢兢，死而后已，行有不得，反求诸己。勤字曰：手眼俱到，心力交瘁，困知勉行，夜以继日。此十二语者，吾当守之终身，遇大忧患、大拂逆之时，庶几免于尤悔耳。”后来，他又将“清”字改为“廉”字，“慎”字改为“谦”字，“勤”字改为“劳”字，用以规范自己的言行，而这一切，均是律己思想的体现。

曾国藩一生以公利心为出发点，不为私欲所蔽，以“勤俭”二字严律自己，他终身自奉寒素，过着清淡的生活。吃饭，每餐仅一荤，非客至，不增一荤，故时人诙谐地称他为“一品宰相”。即“一品”者，“一荤”也。曾国藩三十岁生日时，缝了一件青缎马褂，平时不穿，只遇庆贺或过新年时才穿上，这件衣服放到他死的时候，还跟新的一样。他规定家中妇女均纺纱绩麻，他穿的布鞋布袜，都是家人做的。全家五兄弟各娶妻室后，人口增多，加上兄长做官，弟弟们在乡间新建了不少房子，他知道后对此很不高兴，他曾驰书责备九弟说：“新屋搬进容易搬出难，吾此生誓不住新屋。”他果真没有踏进新屋一步，最终卒于任所。曾国藩还规定，嫁女压箱银为二百两。同治五年，欧阳夫人嫁第四女时，仍然遵循这个规定。他家嫁女如此，娶媳也如此。

后来年近垂暮的曾国藩出将入相，依然在“忠、义、勤、俭”上常常针砭反省自己。他说：“不贪财、不失信、不自是，有此三者，自然鬼伏神钦，到处受人敬重。”他还说：“一般的人，都不免稍稍贪钱以肥私囊。我不能禁止他人的贪取，但只要求自己不贪取。我凭此示范下属，也以此报答皇上厚恩。”这是曾国藩严于律己、宽以待人的具体表现。

“不贪财、不苟取”，这是曾国藩一生的信条，也是他做人行事的准则。

曾国藩的律己思想在某种程度上是他奉行儒家传统忠义、公利思想的体现。当然，想要所有人都具有公利思想着实不易。但为人处事底线是要有的，即严于律己。人心中要有道义、有原则，要能在语言上、行为上约束自己。谋利应该是有底线的，任何时候，都应“利”服从于“义”，克私制私，这样才能做到律己，事业才能有大发展。

自大不可取，自卑亦不可取

南怀瑾认为，自大与自卑是人的两种极端性格，均不可取。像“自大”一义有“狂妄自大”“妄自尊大”等词，而“自卑”一义则有“自贬”“卑躬屈膝”等词。以为自己“天下第一”“无所不能”或认为自己什么也不行，不如任何人，这两种人在当今社会都很多。

“夜郎自大”这个成语讲述了一个自大的故事。

在我国的汉代，西南地区有一个小国，这个小国的名字叫

“夜郎”。作为一个小国，本是应该虚心向大国学习和讨教的，然而这个小国的皇帝和臣民，都认为自己的国家很了不起，于是骄傲自大，不把其他国家放在眼里。实际上呢？他们之所以骄傲自大，并不是他们真的有什么值得骄傲的地方，而是因为他们不了解外面的世界，不了解其他国家的实力。所以这个“夜郎国”拥有的只是自大，后来，在频繁的战事中，这个国家被其他国家吞并了。

从这个“夜郎国”的灭亡中，我们可以看到骄傲自大对人是多么有害。孔子说：“人贵有自知之明。”是说人不能盲目认为自己无所不能，而应虚心。南怀瑾也认为，世界上没有一个人喜欢与骄傲自大、目中无人的人交往。世间真正聪明的人，是不会把自己的聪明外在表现出来的，他们以内敛、谦卑的态度对人，而凡事都锋芒毕露的人，自认为自己有本领的人，往往最终没有什么大成就。所以，为人处世要记得时时刻刻地收敛起自己的傲气，因为真正的处世良方只有两个字——“谦恭”。

清代著名的经学家、史学家、文学家毕秋帆是一位功成名就的大学问家，与司马光的《资治通鉴》相媲美的《续资治通鉴》就是他编纂的。

乾隆三十八年，志得意满，以为自己有能耐的毕秋帆升任陕西巡抚。赴任的时候，经过一座古庙，毕秋帆就进庙看看。一个和尚正坐在佛堂上念经，人报巡抚毕大人来了，这个和尚既不起身，也不开口，只顾念经。毕秋帆当时只有四十岁出头，英年得志，总认为自己中过状元，名满天下，见和尚这般傲慢，对自己竟然不理不睬，心里很不高兴。

和尚念完一卷经之后，离座起身，合掌施礼，说道："老衲适才佛事未毕，有疏接待，望大人恕罪。"

毕秋帆说："佛家有三宝，老法师为三宝之一，何言疏慢？"随即，毕秋帆上坐，和尚侧坐相陪。

交谈中，毕秋帆问："老法师诵的何经？"

和尚说："《法华经》。"

毕秋帆说："老法师一心向佛，摒除俗务，诵经不辍，这部《法华经》想来应该烂熟如泥，不知其中有多少'阿弥陀佛'？"

和尚听了，知道毕秋帆心中不满，有意出这道题难他，便不慌不忙，从容地答道："老衲资质鲁钝，随诵随忘。大人文曲星下凡，屡考屡中，一部《四书》想来也应该烂熟如泥，不知其中有多少'子曰'？"毕秋帆听了一愣，而后不觉大笑，对和尚的尊敬有了几分。

和尚陪毕秋帆看殿，来到一尊欢喜佛的佛像前，毕秋帆指着欢喜佛的大肚子对和尚说：“你知道他这个大肚子里装的是什么吗？”

和尚回答：“满腹经纶，人间乐事。”

毕秋帆连声称好，继而问：“老法师如此有才，取功名容易得很，为什么要抛却红尘，皈依三宝？”

和尚说：“富贵如过眼烟云，怎么比得上西方一片净土！”

两人又一同来到罗汉殿，殿中十八尊罗汉各种表情，各种姿态，栩栩如生。

毕秋帆指着一尊笑罗汉问和尚：“他笑什么呢？”

和尚回答说：“他笑天下可笑之人。”

毕秋帆一顿，又问：“天下哪些人可笑呢？”

和尚说：“恃才傲物的人，可笑；贪恋富贵的人，可笑；倚势凌人的人，可笑；钻营求宠的人，可笑；阿谀逢迎的人，可笑；不学无术的人，可笑；自作聪明的人，可笑……”

毕秋帆越听越不是滋味，连忙打断和尚的话，说道：“老法师妙语连珠，针砭俗子，下官领教了。”说完深深一揖，随后领仆从离寺而去。

从此，毕秋帆再也不敢小看别人了，而他也修省自心，从此不再自高自大了。

“山外有山，人外有人。”人切不可自以为是。谦恭虽不是故意做出来的姿态，但人要有谦虚之心，而且时时修心，提高内在品德和修养，养成不骄傲、不自满的心态。

谦虚不是让人自卑、软弱，更不是让人无能，谦虚是一种美德，一种境界，一种气质。谦虚的人不会因为自己学问博大而傲慢，也不会因为地位显赫而独尊。相反，谦虚者学问越深越能虚心谨慎，地位越高越能礼让他人。

所以说，人誉我谦，增一美；自夸自败，添一毁。人不管在什么时候，都应该永远保持一颗谦虚的心。

柳公权是我国唐代著名的书法家。可是，柳公权一直到老，对自己的字都不满意。他晚年隐居在华原城南的鹳鹊谷，专门研习书法，勤奋练字，一直到八十多岁去世为止。他以勤学不辍，博采众家之长的精神赢得了艺术上的成就，但他这种学习态度的形成，是与他的亲身经历有关的。

柳公权小的时候字写得很糟，常常因为大字写得七扭八歪而受老师和父亲的训斥。小公权很要强，他下决心一定要练好字。经过一年多的日夜苦练，他写的字大有起色，和年龄相仿的小伙伴相比，公权的字已成为最拔尖的了。

此后，柳公权字越写越好，得到同窗称赞、老师夸奖，连严厉的父亲脸上也露出了微笑，小公权感到很得意。

一天，柳公权和几个小伙伴在村旁的老桑树下摆了一张方桌，举行“书会”，约定每人写一篇大楷，互相观摩比赛。公权很快就写了一篇。这时，一个卖豆腐脑的老头放下担子，来到桑树下歇凉。他很有兴致地看孩子们练字。柳公权递过自己写的字，说：“老爷爷，你看我写得棒不棒？”老头接过去一看，只见写的是：“会写飞凤家，敢在人前夸。”老头觉得这孩子太骄傲了，皱了皱眉头，沉吟了一会儿，才说：“我看这字写得并不好，不值得在人前夸。这字好像我担子里的豆腐脑一样，软塌塌的，没筋没骨，有形无体，还值得在人前夸吗？”小公权见老头把自己的字说得一塌糊涂，不服气地说：“人家都说我的字写得好，你偏说不好，有本事你写几个字让我看看。”老头爽朗地笑了笑，说：“不敢当，不敢当，我老汉是一个粗人，写不好字。可是，有人用脚写都写得比你好得多呢！不信，你到华原城里看看去！”

小公权很生气，以为老头在骂他。后来想到老头和蔼的面容，爽朗的笑声，又不大像在骂他，于是就决定到华原城里去看看。

华原城离他家有四十多里路。第二天，他起了个五更，悄悄给家里人留了个纸条，背着馍布袋就独自往华原城去了。

柳公权一进华原城，见北街一棵大槐树下挂着个白布幌子，上写“字画汤”三个大字，字体苍劲有力，笔法雄健潇洒。树下围了许多人，他挤进人群一看，不禁目瞪口呆。只见一个黑瘦的畸形老头，没有双臂，赤着双脚坐在地上，左脚压住铺在地上的纸，右脚夹起一支大笔，挥洒自如地在写对联，他运笔如神，笔下的字迹龙飞凤舞，博得围观看客们阵阵喝彩。

小公权这才知道卖豆腐脑的老头没有说假话，他惭愧极了，心想：我和“字画汤”老爷爷比起来，差得太远了。他“扑通”一声跪在“字画汤”面前，说：“我愿拜你为师，我叫柳公权，请收下我，愿师傅告诉我写字的秘诀……”

“字画汤”慌忙放下脚中的笔，说：“我是个孤苦的畸形人，生来没手，干不成活，只得靠脚巧混生活，虽能写几个歪字，怎配为人师表？”小公权一再苦苦哀求，“字画汤”才在地上铺了一张纸，用右脚提起笔，写道：

写尽八缸水，砚染涝池黑；

博取百家长，始得龙凤飞。

“字画汤”对公权说：“这就是我写字的秘诀。我自小用脚写字，风风雨雨已练了五十多个年头了。我家有个能盛八担水的大缸，每次我磨墨练字都用尽了八缸水。我家墙外有个半亩地大的池子，每天写完字我就在池里洗砚，池水都染乌黑了，可是，我的字写得还差得远呢！”

柳公权把老人的话牢牢地镂刻在心里，他深深地谢过“字画汤”老爷爷，才依依不舍地回去了。

自此，柳公权发愤练字，手上磨起了厚厚的茧子，衣肘处补了一层又一层。他学习颜体的清劲丰肥，也学欧体的开朗方润，学习“字画汤”的奔腾豪放，也学宫院体的娟秀妩媚。他经常看人家剥牛剔羊，研究骨架结构，从中得到字架启示。他还注意观察天上的大雁，水中的游鱼，奔跑的麋鹿，脱缰的骏马，把自然界各种优美的形态都融注到书法艺术中。最终，柳公权成为一代书法大家。

而自卑是一种自我评价，一种在认识上产生偏差的、认为自己无能软弱的情感。自卑的人，总认为自己能力不行，做什么事都做不了。事实往往证明，这种自我评价是错误的。

春秋的时候，楚国有一位学识非常渊博的老者。有一天，他正在和弟子们在一起聊天，这时，一位衣着鲜丽的富家公子跑过来，趾高气扬地向在场的所有人炫耀。他家在郢都郊外的一个村镇旁有一块一望无边的肥沃土地。

他说得唾沫横飞，滔滔不绝，眼中流露出来的自豪和兴奋感是不言而喻的。正在他大肆吹嘘的时候，坐在一旁一直默默聆听的老者拿出一张包括了诸多国家在内的地图给他看，并对他说：“麻烦你指给我看看，楚国在哪里?”

“这一大片全是啊!”富家公子指着地图扬扬得意地回答。

“很好！那么，郢都在哪里?”老者又问他。

富家公子挪着手指终于在地图上把郢都找出来了，但很显然，和整个楚国相比，它的确是太小了。

“你所说的那个村镇在哪儿?”老者接着问。

“那个村镇，这就更小了，好像是在这儿。”富家公子指着地图上的一个小点说。

最后，老者看着他说：“现在，请你再指给我看看，你家那块一望无边的肥沃土地在哪里?”

富家公子急得满头大汗，当然是找不到了。他家那块一望无边的肥沃土地在地图上连个影子都没有，他很尴尬地说道：“对不起，我找不到。”

老者说：“请问你都能干什么事呢?”富家公子低下头说：“我，我什么也干不了。”老者笑了，温和地对富家公子说：“你只要不狂妄自大，其实还是能干成很多事的。”

富家公子从狂妄自大到自卑，其实并不能真实反映他的认识。任何个人所拥有的一切与有大美而不言的大自然相比，与浩瀚无际的宇宙相比，都只不过如沧海之一粟，微不足道，但任何人又都是改变世界的生力军。慢慢流淌的历史长河淘尽过多少的英雄豪杰，但这也不过如惊鸿之一瞥。而世界从原始社会发展到现在，又怎能忽视人的力量？

民间有句俗语：“没有见过高山的骆驼，总以为没有比自己更高的东西了。”“高手在民间。”自卑的人跟自信的人相比，能力并没有区别，有区别的只是心态。人如果调整好自卑心态，就会发现自己和别人一样优秀。事实上，有些人很无知，却认为自己是“天下第一”，他人不如自己；有些人很能干，却始终谦虚谨慎。

中国几千年的文化中融入了谦虚的精神，中国的传统文化中谦虚的内容不仅博大精深，而且富有智慧的哲理，而律己律人首先要以虚怀若谷的心态待人接物，这样才能对自己有更高的要求。

千事万事，“变”能“成事”

南怀瑾认为，做事不可太固执己见，固执己见在一定条件下无可非议；但当条件不具备或条件发生变化的时候，要拥有善于变通的头脑，能够审时度势地适应出现的变化，这对人是非常必要的。有人说，变通就不能做到律己了，但实际上律己并不是限制自己，倘若将自己限制了，那还能做成什么事呢？

从前有一个农夫，看见别人的麦苗长得非常茂盛，就问麦田主人说：“你究竟是如何把麦子种得这么好的？”

主人回答说："先把地整平了，再用粪水灌溉，然后播种，自然而然的麦苗就长得茂盛了。"

农夫回家后，欢天喜地、迫不及待地便依照麦田主人的方法，先整平了地，再把水肥洒在田里，准备撒种。

忽然农夫困惑起来，"我的脚踩在田地里，会把田地踩硬，如此一来麦苗就长不出来了。"他眉头深锁，左思右想，想不出一个好方法。突然，灵光一现，有了！"我可以坐在一张床上，叫人抬着，我就在床上面撒种子，这样就行了。"

于是他雇来四个农夫，每人各抬一张床脚，把他抬到田里撒种。人们见了，忍不住笑他：原本怕自己两只脚踩坏了田地，结果多添了八只脚来破坏田地。

这个农夫就是一个面对情况不动脑子的人。

有些人遇到问题的时候，不动脑子，或以为常规做法就行，直到碰壁碰得头破血流，仍"一条道走到黑"。其实在解决不了问题时，采用灵活变通的方法对解决问题会有曲径通幽的效果，所以灵活变通的意识在人的生活中是十分必要的。灵活变通与审时度势是紧密相连的，灵活变通不是抖抖机灵，也不是自以为是，更不是随意改变想法，而是根据情况，采用其他方法或方式解决出现的问题，并且依事实判断后而定。否则，旧问题没有解决，又添了新问题。

有这样一个民间故事：

古时候，山里住着一家猎户。

父亲是个老猎手，在山里闯荡了几十年，猎获野物无数，走山路如履平地，从未出过事。然而，有一天，因下雨路滑，他不小心跌落山崖。

两个儿子把父亲抬回了破旧的家，父亲快不行了，弥留之际，他指着墙上挂着的两根绳子，断断续续地对两个儿子说：“给你们两个，一人一根。”但是，还没说出用意就咽了气。

掩埋了父亲，兄弟二人继续打猎生活。然而，猎物越来越少，有时出去一天连个野兔都打不回来，两人的日子艰难地维持着。

一天，弟弟与哥哥商量：“咱们干点别的吧！”哥哥不同意：“咱家祖祖辈辈都是打猎的，还是本本分分地干老本行吧。”

弟弟没听哥哥的话，拿上父亲给他的那根绳子走了。他先是砍柴，用绳子捆起来背到山外换几个钱。后来他发现，山里一种漫山遍野的野花很受山外人喜欢，且价钱很高。从此以后，他不再砍柴，而是每天背一捆野花到山外卖。几年下来，他盖起了自己的新房子。

哥哥依旧住在那间破旧的老屋里，还是干着打猎的营生。由于常常打不到猎物，生活越来越拮据，他整天愁眉苦脸，唉声叹气。一天，弟弟来看哥哥，发现他已经用父亲留给他的那根绳子吊死在房梁上了。

生活中，因循守旧会把自己逼进“死胡同”。而灵活变通不仅让头脑灵活，而且思路开阔，可以找到相对比较理想的解决问题的办法和途径。事实证明，敢于独辟蹊径的人，才可能收获别人想象不到的意外成果。

东汉初年，据记载辽东一带的羊都是黑毛羊，当地人也都习以为常。忽然有一天一个商人家中的黑毛羊生了一窝毛色纯白的小羊。大家都争相来观看，附近一带的人都认为这一定是一种特异的品种，于是就有人给这个商人出主意说：“如此干净纯白色的小羊，天下一定少见，你应该把它们送到洛阳，去献给皇帝，皇帝肯定会重重地赏你。”又有人来给他出主意说：“还不如把这群小白羊拉到燕京市场上去，肯定能卖个大价钱，物以稀为贵，错过了这个机会你后悔都来不及了。”

辽东商人听了，果然动了心。经过一番盘算，他觉得还是把羊运到燕京市场去卖个大价钱比较合算。于是他把小白羊装上车，向燕京进发了。

经过三个多月的艰苦跋涉，等走到燕京时他的小羊也基本上都长大了，他喜不自胜，以为这一回要发大财了！这天，他把羊运到市场的时候，他简直吓呆了，原来燕京市场中到处卖的羊都是白色的，小白羊在这里不足为奇不说，价钱还不如辽东的黑羊。辽东商人眼看着羊卖不出去，空欢喜一场，心中十分懊悔，心想还不如在当地卖了，也总比现在这样强啊！

胡思乱想了一阵以后，他灵机一动：既然辽东没有小白羊，这里羊的价格也不贵，我为什么不再从燕京贩一些白羊回辽东？那样才是真正的物以稀为贵，肯定能赚一笔。于是他从燕京又买了几十只白羊连同自己的羊赶回辽东，很快就卖出去了。接着他又贩辽东的黑羊来燕京卖，大赚了一笔。

其实，很多时候，当"山重水复"的时候，只要肯动脑筋，灵活变通，就容易找到"柳暗花明"的方法。人在失败中不能"一根筋"，因为困境中也孕育着成功的机会，关键在于你能不能灵活思考，及时发现转机，并努力把握机会。

世界是复杂的，"真知灼见"只能出自实践，出自客观存在和理性思考，而不可能出自"想当然"。所以在面对问题的时候，要结合自身的情况，换个角度想问题，能借鉴别人的经验最好，如果不能，采取积极灵活的应变措施才是最关键的。

从前，沧州南有一座临河寺庙，庙前有两尊面对流水的石兽，据说是“镇水”用的。

有一年暴雨成灾，大庙山门倒塌，将那两尊石兽撞入河中。庙僧一时无计可施，直到十年后募金重修山门，才感到那对石兽不可或缺，于是派人下河寻找。按照他的想法，河水东流，石兽理应顺流东下，谁知一直向下游找了十里地，也不见其踪影。

这时，一位在庙中讲学的老先生提出自己的见解：“石兽不是木头做的，而是由大石头制成的，它们不会被流水冲走，石重沙轻，石兽必然于掉落之处朝下沉，你们往下游找，怎么找得到呢？我认为在原地。”

旁人听了，此言有理。不料，一位守河堤的老兵插话：“我看不见得。大石落入河中，水急石重，而河床沙松，因此，更可能在上游。”

众人一下子全愣住了：“这可能吗？”

老兵解释道：“我长年守护于此，深知河中情势，那石兽很重，而河沙又松，西来的河水冲不动石兽，反而把石兽下面的沙子冲走了，还冲成一个坑，时间一久，石兽势必向西倒去，掉进坑中。如此年复一年地倒，就好像石兽往河水上游翻跟斗一样。”

众人听了，觉得有理。后寻找者依照他的指点，果真在河的上游发现并挖出了那两尊石兽。

任何事情在解决时都不能死板教条，世间没有绝对的真理，凡事考虑全面些，让思维方式更有弹性，就容易找到因地制宜的解决问题的方法。

坚持的力量最有成效

南怀瑾对浅尝辄止的人有一句精辟的话："有志之人立长志，无志之人常立志。"南怀瑾认为，人要想做成事，非有目标不成，非有志向不成，否则，容易半途而废或只说不干。很多人做事囫囵吞枣、浅尝辄止，不能坚持下去，最终一事无成。

传说，有两个人偶然与神仙邂逅，神仙教授他们酿酒之法，叫他们选端阳那天成熟、饱满的大米，与冰雪初融时高山飞瀑、流泉的水珠调和了，注入千年紫砂土烧制成的陶瓮，再用初夏第一张沐浴朝阳的新荷裹紧，密闭七七四十九天，直到凌晨鸡鸣三遍后方可启封。

这两人牢记神仙的话，历尽千辛万苦，跋涉千山万水，风餐露宿，找齐了所有必需的材料，把梦想和期待一起调和密封，然后潜心等候着那激动人心、注定要到来的一刻。

时间一天天过去了，好漫长的日子啊！当第四十九天终于来到时，即将开瓮的美酒使两人兴奋得整夜都不能入睡，他们彻夜都竖起耳朵准备聆听鸡鸣的声音。终于，远远地，传来了第一声鸡鸣，悠长而高亢。又过了很久很久，依稀响起了第二声，缓慢而低沉。等啊等啊，第三遍鸡鸣却迟迟不来。其中一个人再也按捺不住了，放弃了等待，着急地打开了陶瓮，但结果，却让他惊呆了——

里面是一汪水，混浊，发黄，像醋一样酸，又仿佛破胆一般苦，还有一股难闻的怪味……怎么会这样？他懊悔不已，但一切已不可挽回，即使加上他所有的跺脚、自责和叹息。最后，他只有失望地将这汪水洒在地上。

而另外一个人，虽然心中的欲望像一把野火熊熊燃烧，烧烤得他好几次都想伸手掀开瓮盖，但每当要伸手，他都咬紧牙关挺住了。直到第三声鸡鸣响彻云霄，东方一轮红日冉冉升起——他打开洒瓮的盖，瓮里是清澈甘甜、沁人心脾的琼浆玉液啊！

这个故事说明了坚持的重要性。历史证明，成功者和失败者之间最大的差别，往往不是智商的不同和能力的不同，关键在于是否有韧性和耐心，故事中的前者不懂得“行百里路半九十”的道理，没能持之以恒，故得不到甘甜的琼浆。而后者知道行百里路需行百里，不投机取巧，而是坚持到底，故得到甘甜的琼浆。所以，持之以恒不仅仅需要心态好，而且需要付出时间和代价，甚至一生的努力。人要成功，除了对你确定的目标持之以恒、锲而不舍，志向远大也很重要。

曾经有一段时间，明慧大师的一个徒弟做什么事都只要稍稍遇有困难，就轻易放弃或气馁，不肯锲而不舍地做下去。

有一天晚上，明慧大师给这个徒弟一块木板和一把小刀，要他在木板上切一条刀痕。

当徒弟切好一刀以后，明慧大师就把木板和小刀放在自己的床底下。

以后，每天晚上，明慧大师都要让徒弟在切过的痕迹上再切一次。这样持续了好几天。

终于有一天晚上，徒弟一刀下去，把木板切成了两块。

明慧大师对徒弟说：“你大概想不到每天这么一点点力气就能

把一块木板切成两块吧，人一生的成败如同此木板，并不在于你一下子用多大力气，而在于你是否能持之以恒的态度。”

生活并非我们看到的那么简单，而是有很多学问和智慧，人只有立志坚持做下去，才会收获果实。

浅尝辄止事不成

南怀瑾认为，很多人研究问题都流于表面，并不进行深入探讨，造成一知半解，有的甚至以讹传讹。古人说：只要功夫深，铁棒磨成针。不肯下功夫深入钻研的人最终没有大的成就。

有一天，秦穆公对相马专家伯乐说："您年岁已经大了，您的亲属中有没有人能接替您的工作呢？"

伯乐说："识别一般的好马并不难。只要从体型、外貌、筋肉、骨架这几个方面就可以辨别出来，最难识别的是天下无双的千里马，那要从内在的气质上去分辨，而那种内在气质是若隐若现、若无若有的，一般人观察不到。我虽有几个儿子，却都是庸才，他们只能识别一般的好马。我有个朋友叫九方皋，是个山野村夫，但他的相马本领不在我之下，我愿意推荐给君王。”

秦穆公把九方皋请来，让他出去寻访天下无双的宝马。

三个月过去了，九方皋回来见秦穆公，报告：“您要的宝马我已经找到了。”

秦穆公问：“是什么颜色的马？公的还是母的？”

九方皋想了一下回答说：“我印象中的是一匹黄色的母马。”

秦穆公听他回答得不肯定，心中就浮起一团疑云，令他带人把马牵回来。牵马的人回来报告说：“是一匹黑色的公马。”

秦穆公很不高兴。他把伯乐找来，埋怨他说：“你真糟糕透了！你推荐的那个九方皋连马匹的颜色是黄是黑，马匹的性别是公是母都分不清楚，你还称他为相马专家？”

伯乐听了却连连赞叹：“了不起啊，真了不起啊！您说的这些情况，正足以证明九方皋的相马技术比我还高明。他观察马，已经能够排除外部特征的干扰，集中精力去深入观察马的内在气质和神韵了。他取其精而忘其粗，重其内而忘其外。看来他注意的只是他需要观察的东西，他忽略的正是他不需要观察的东西。他的相马技术实在是高啊！”

后来，秦穆公将马牵来后，经过试骑，果然是一匹天下无双的千里宝马。

所以，不管做什么，只有深入地去研究，抓住事物的本质特点，才能做出准确的判断和行动。如果浮于表象，或者在某些非本质的方面投入精力过多，就可能顾此失彼，得出错误的结论。人要想真正学到有用的知识，一定要认真、细心，肯下功夫，肯“坐冷板凳”；那种浅尝辄止，满足于一知半解，略微尝试一下就以为了解了全部的人只能事与愿违，自己得不到真正的知识。

囫囵吞枣的故事我们都知道：

从前有个人看书的时候，总会把书中文章大声念出来，可是他从来不动脑筋想一想书中的道理，并自以为看了很多的书，懂得了许多的道理。

有一天，他参加朋友的聚会，大家边吃边聊，其中有一位客人感慨万分地说：“这世上很少有两全其美的事，就拿吃水果来说：梨对牙齿很好，但是吃多了伤胃；枣子能健胃，可是吃多了会伤牙齿。”大家都觉得很有道理。

但这个人听后为了表现自己的聪明，接客人的话说：“如果我遇到这事，就是吃梨子时不吃进果肉，这样不会伤胃；吃枣子时整个吞下去，就不会伤牙啦!”

这就是囫囵吞枣成语的由来，这个所谓有知识的聪明人其实是无知、不动脑子的人，是自欺欺人的人。这个成语现在我们用来比喻做事浅尝辄止或学习上不加分析、不求充分理解地笼统接受。

浅尝辄止，从某种意义上说，是做事不成功的原因所在。

生活是知识的“起源地”

南怀瑾认为人的学问并非都来自书本，更多是来源于社会生活。他获取知识，也是从两方面得来：一是书本；二是社会实践。

有一天，一个跟随乐天和尚化缘的小和尚，忍受不住心中的疑惑，问乐天和尚道：“师兄，你怎么如此高兴，整天乐颠颠地唱个小曲，没完没了，究竟是唱给谁听的呢？”

“当然是唱给菩萨听了。”乐天说道。

“在寺院里是唱给菩萨听，来到乡间野外，也是唱给他们听吗?”小和尚笑嘻嘻地说:“你有时间唱，菩萨恐怕还不一定有时间听呢。”

“那就唱给自己听。”乐天依然乐呵呵地说。

“拿佛曲唱给自己听，不是有失恭敬吗?”小和尚故意装着严肃的口气说道。

“那就唱给清风听，唱给大地听，唱给花草听，唱给路人听。”乐天和尚说。

小和尚心服口服，向师兄深深一揖。

乐天和尚确实是个不仅通晓佛学的本质，也是个有学问的人。他知道，只要自己有信念，他唱歌有没有人听都没关系，他人理不理解也没有关系，因为，人生命的过程就是感悟生活、向生活学习的过程。

书本知识也是一代代人总结传承下来的，书本知识凝聚了前人的智慧和心血。而实践知识需要人们去开采，去转化。

孔子是个大学问家，但他仍相信生活中遍布知识。他行走天下，一方面希望将他的儒家思想“仁、义、礼、智、信”传播于天下，同时也希望能丰富自己的知识宝库，从民间、社会获取新的知识。他周游列国，不畏艰难险阻，尽管受尽了屈辱和嘲笑，常常如丧家之犬，被人驱赶，吃一顿饭要忍受好几天的饥饿。但是，他坚持了下来，他不断地宣扬他的理想和信念。孔子时代，大多数人并不理解他，但他并不以为然，在中国以后几千年的封建朝廷，孔子一直被奉为万世宗师，一直被当作圣人顶礼膜拜，他的很多思想也流传至今。

孔子不拒绝向他人、向社会学习的机会。比如，他教育自己的学生：“三人行，必有我师。”“知之为知之，不知为不知，是知也。”“敏而好学，不耻下问。”孔子有许多向下层人民学习或向村野民夫讨教的故事。

司马迁也是个不耻下问的大学问家，他为李陵仗义执言而被汉武帝处以宫刑，但他选择了“苟活”，他为什么会这样呢？原因在于，他有一项必须亲自去完成的任务，这个任务是他去世的父亲在病榻前叮嘱要他去完成的，也就是《史记》的写作。

为写《史记》，司马迁以严谨认真的态度，对史实反复做核对，同时对每一个历史人物或历史事件，都进行大量的调查研究。他秉持“文直、事核、不虚美、不隐恶”的实录原则，最终完成了流芳千古的“史家之绝唱，无韵之离骚”的《史记》，这部在后人看来是“究天人之际，通古今之变，成一家之言”的伟大著作，如果没有司马迁的忍辱负重、实事求是的写作，今天我们怎么来传承和欣赏、赞叹呢？

辩证唯物主义认识论认为：实践决定认识，认识对实践具有能动的反作用。毛主席说：你要知道梨子的滋味，就要亲口尝一下。南宋陆游有首著名的诗：纸上得来终觉浅，绝知此事要躬行。所以，人要获得知识，书本、实践缺一不可。

第二章

与人当宽，自处当严

俭以养德，君子之行

南怀瑾对中国俭以养德、勤俭持家的光荣传统极为推崇。他说，老子说：“吾有三宝：一曰慈；二曰俭；三曰不敢为天下先。”意思是：“我有三件法宝，第一件是慈爱；第二件是节俭；第三件是不敢号称自己天下第一。”而“俭”位列老子“三宝”的第二位，说明勤俭的重要性。

古人云：“俭，德之共也；侈，恶之大也”。古话还有：“历览前贤国与家，成由勤俭败由奢。”这些都说明勤俭是中国人的一种传统美德，也是中华民族千百年来继承与发扬的优良传统。小到一个人、一个家庭，大到一个国家、整个人类，要想生存，要想发展，都离不开“勤俭”二字。这是历代有识之士从个人成长、家族兴衰、社稷兴亡、朝代更替的无数经验教训中得到的一条深刻警示，中华民族的修身、齐家、治国、平天下也离不开勤俭。

诸葛亮把“静以修身，俭以养德”作为自己“修身”的座右铭；朱子将“一粥一饭，当思来之不易；半丝半缕，恒念物力维艰”当作“齐家”之训诫；司马光传世名作《资治通鉴》中更有这样脍炙人口之句：“由俭入奢易，由奢入俭难。”勤俭不仅仅是为了积累财富，使得家庭幸福，更为重要的是培养一个人艰苦创业的精神和奋发向上的品质。

古代有关勤俭的贤文流传至今，令人奉为圭臬，同时古人对勤俭的经验总结和教训警示，也是在教育我们，做人要崇尚节俭的美德，养成了节俭的习惯，人将会终身受用。

古代，有一个工匠手艺很好，做出来的东西不但精巧，而且耐用，所以生意很好，赚的钱也不少。可是工匠好吃、好穿、好玩，因而钱虽然赚得不少，却总是不够用。

一天，工匠听人说邻居大富翁原来很穷，后来不知怎么钱就渐渐多了起来。工匠便去请教大富翁致富的秘诀。

到了大富翁家，工匠先说明来意，大富翁听了，微微一笑说：“这个嘛，说来话长，却也简单，你且等一等，让我先把灯熄了，再告诉你。”说着，顺手就把灯关了。

工匠本是个聪明人，一看这个情形，马上就明白了，立刻高高兴兴地站起来，说：“先生，谢谢你，我已经明白了，原来致富之道就在于‘勤俭’二字，是不是？”

富翁笑了，点点头。

所以，别小看了勤俭，平时一点一滴的积累都会有聚沙成塔的效果，任何事物只要积少成多，就能够发挥出巨大的作用。

相传在中原的伏牛山下，住着一个叫吴成的农民，他一生勤俭持家，日子过得无忧无虑，十分美满。临终前，他把一块写有“勤俭”二字的横匾交给两个儿子，告诫他们说：“你们要想一辈子不受饥挨饿，就一定要照这两个字去做。”

后来，兄弟俩分家时，将匾一锯两半，老大分得了一个“勤”字，老二分得了一个“俭”字。

老大把“勤”字恭恭敬敬地高悬家中，每天“日出而作，日落而息”，年年五谷丰登。然而他的妻子却过日子大手大脚，孩子们常常将白白的馍馍吃了两口就扔掉，久而久之，家里日子总过得紧巴巴的。

老二自从分得“俭”半块匾后，以为“俭”就能让自己富裕，把“勤”字忘到九霄云外去了。每年所收获的粮食不多，加之本身不勤奋，尽管一家人节衣缩食、省吃俭用，日子过得仍很艰难。

有一年遇上大旱，老大、老二家中都早已是空空如也。他俩情急之下扯下字匾，将“勤”、“俭”二字踩碎在地。就在兄弟俩懊丧之时，村里一位德高望重的老者路过，看到两兄弟的举动，说：“只勤不俭，好比端个没底的碗，总也盛不满！只俭不勤，坐吃山空，一定要受穷挨饿！”

兄弟俩听后恍然大悟，“勤”“俭”二字原来不能分家，必得相辅相成，缺一不可啊。

两兄弟吸取教训，将“勤俭”之匾合为一体，挂到院门口，提醒自己，告诫各自妻室儿女，照此身体力行，此后两家的日子过得一天比一天好。

勤俭不仅适用于金钱，也适用于生活中的每一件事，比如，珍惜时间，养成良好的生活习惯；科学地管理自己和自己的金钱；利用自己所拥有的资源并让其为己所用。“竹头木屑”这个成语故事就说明了勤俭的道理。

东晋时的陶侃为庐江浔阳（今湖北黄梅西南）人，父亲早年亡故，自幼由母亲抚养成人。

陶侃为官名声甚好，仕途发展较快，历任武冈县令、武昌太守、荆州刺史、广州刺史、侍中、太尉等官职，政绩卓著。特别是他曾作为主帅，指挥平定了苏峻、祖约之乱，有再造晋室之功。陶侃身为大将军时，极惜物力，被誉为管理有方、勤俭节约的帅才。

有一次，陶侃的军队造船，他命令将造船时剩余的那些锯末、木片、竹头等都收捡好。当时人们皆不解其意，暗中笑其吝啬。后来，有一年大年初一，那天正好雪后初晴，地面很滑，可官员们又要去衙门聚会，并接受属吏的致贺，这么滑的路面，大家心里都有些发怵。这时，陶侃让人把锯末撒在衙门路前，让人们行走起来非常安全方便。众人始悟。

还有一次，新任荆州刺史桓温率军入蜀，造船缺钉，无计可施。陶侃拿出以前收集的堆积如山的竹头时，以竹头削钉造船，解决了军中一大难题，众人更加佩服陶侃当初所为。而陶侃却说，即使小如竹头木屑这样的器物，只要安排得当，也可以发挥大用处，关键在于人们平时要养成节俭的意识和习惯。

这就是成语“竹头木屑”的来源。陶侃有节俭的习惯与他母亲教子有方有很大关系。陶侃初涉官场，在县内当小吏，有一次，将公家分的鱼托人带回家孝敬慈母，陶母纹丝未动，将原物封好退回，并写信责备陶侃，要他当官必须洁身自好，不允许公私不分。陶母还告诫陶侃说："你想这样用公物来取悦于我，反而增加了我的忧虑。"这番教导，对陶侃养成节俭习惯、为官清廉有很大的影响。

开创了"贞观之治"太平盛世的唐太宗李世民也非常明白勤俭这个道理，他也是我国历史上少有的既能打天下又能治天下的有道明君。

唐太宗非常注重节俭，他曾说："物力维艰有限，须勤俭不能。"作为一代君王，刚立业，一般来说都会大兴土木，但唐太宗认为这样会劳民伤财，所以一改以往新君登基大兴土木的旧习，仍然住在隋朝时期的旧宫殿里面。在他的带领下，朝廷上下逐渐形成了崇尚节俭的风气，并出现了一大批以节俭闻名的大臣。

唐太宗常常对臣下说："人君依靠国家，国家依靠百姓。剥削百姓来奉养人君，就像割自己身上的肉来食用，肚子虽然饱了，但身子也就毁了，人君虽然富了，但国家也就亡了。所以人君的灾祸，不是来自于外面，而是由自己造成的。我常想这个道理，所以不敢奢侈纵欲。"

唐太宗还教育太子李治要奉行节俭。如在吃饭时，唐太宗会告诫李治说："你知道了耕种的艰难，就不会再浪费粮食。"在骑马时，太宗又会说：“你体会到马的劳逸，就不会一次耗尽它的体力，这样才可以经常有马骑。”

崛起于草根布衣的明太祖朱元璋，在当上开国皇帝后，也十分重视保持节俭的品德，并对贪污腐败严惩不贷。

朱元璋带头禁酒，并多次颁布限制酿酒的命令。在他的影响下，后宫的皇妃也都十分注意节俭，不盛装打扮，宫内节俭成为风气，并影响至全国，对明朝的国力强盛产生了非常积极的影响。

上面是以节俭而名垂青史的著名人物。当然，以骄奢而被史书钉在耻辱柱上的也大有人在。晋朝时期就有两个这样的人，最后受到惩罚。

一个是高官石崇，他搜刮民脂民膏，劫掠客商财富，及至富甲天下。当时他自称除天子之家外，他是天下第一富户。另一个是外戚王恺，他倚仗皇室势力，搜刮百姓，鱼肉人民，虽家中十分富有，但仍对石崇不服气，两人多次“斗富”，王恺虽然有武帝的支持，仍然没有取胜。

有一次，王恺拿御赐的二尺多高的珊瑚树向石崇炫耀，没料想石崇随手拿起铁石故意将它击碎了，随后又搬出自己家中六七株三四尺高的珊瑚树，结果弄得王恺气恼不已。

石崇的夸富和奢侈引起了人民的愤恨以及统治者的不安。“八王之乱”时，当权者以结党之罪把他杀了，石家的万贯家财灰飞烟灭，家人散尽，仆役充公。当然，另一“斗富”者王恺后来也没有得到好下场。

所以，严格自律，把节俭的理念深植于心，这样能达到“俭以养德”的境界。

欲而不知止，失其所以欲

南怀瑾在《南怀瑾讲述生活与生存》一文中说：就人类的欲望而言，《礼记》中记载孔子的话：“饮食男女，人之大欲存焉。”即世上每一个人，上自帝王，下至百姓，人人都有欲望。心理学考证，人的欲望是没有止境的。尤其是到了某种地位，某种环境，某种时间，某种空间，欲望是会变化的，有时甚至会不断地增加、累进。所以，古代做了君侯的人，其大欲是君临天下，不仅要权势，还要更大更大的权势。普通的人，自然就是求功名富贵了。

人有欲望是共性，但如何让欲望不伤及人呢？“欲而不贪”是最好的答案。一个人有欲望但不能贪，要做到非常难，比如，为官者如何做到绝对清廉，这只能要求自己，不能苛求他人。古话说“人心不足蛇吞象”，是指人在拥有了一定的条件之后，又想要更好的，人的欲望是无边无境的。科学证明，人有欲望是正常的心理，并没有什么，也不可怕，正常的欲望可以成为人奋进的动力、成功的催化器。但科学也证明，人若不知道控制自己的欲望，任其毫无限度地发展，那么也会形成可怕的结局，即膨胀的欲望会使人不择手段，最终既害自己又害他人，这是人们应该警惕的。所以，人不要放纵自己的欲望之心。

《解人颐》中有一首诗：“终日奔波只为饥，方才一饱便思食。衣食两般皆具足，又想娇容美貌妻。取得美妻生下子，恨无田地少根基。买到田园多广阔，出入无船少马骑。槽头扣了骡和马，叹无官职被人欺。县丞主簿还嫌小，又要朝中挂紫衣。做了皇帝求仙术，更想登天跨鹤飞。若要世人心里足，除是南柯一梦西。”

这首白话诗深刻地揭露了人的欲望之无穷的现实，其文辞精妙，劝人、谏人淡泊名利，勿纵物欲。其实，名利地位都是身外之物，知足常乐才是最重要的。知足，意味着不要去刻意地追求什么，凡事适可而止。人活一世，平安活着就已是一件很奢侈的事，如果不懂得珍惜生活，做一些有意义的事，而是整天忙于为名为利不择手段、钩心斗角、长于算计等，那么，生命就没有了意义。《解人颐》里还有一首《知足歌》：“人生尽有福，人若不知足。思量事累苦，闲静便是福。思量患难苦，平安便是福。思量疾厄苦，康健便是福。思量死之苦，在生便是福。思量饥寒苦，饱暖便是福。……莫谓我身不如人，不如我者尚极多，退步思量海洋宽，眼前便是许多福，他人骑马我骑驴，仔细思量我不如，回头又见推车汉，比上不足下有余。”这首《知足歌》印证了人们常说的“心无长物轻如燕”的道理。即真正的快乐与幸福并不是取决于人所拥有的物质财富，而是人内心深处对生活的幸福感受。

庄子是快乐的，因为他懂得知足是人生快乐之本，于是他能够安心地静听着水中鱼儿的嬉戏，他在“子非我，安知我不知鱼之乐耶?”的选择中希望做一条快乐的鱼。

后来，楚王派人请他出山之际，他又以龟自比，说自己宁愿做一只自由的乌龟，安然嬉戏于流水污泥中，也不想被人供奉起来受人祭祀。

庄子妻子死的时候，他鼓盆而歌，认为妻子已经脱去累赘的肉身去了空灵的世界里。庄子的一生都是快乐的，因为他超脱物外，不为任何世俗的事物所打扰，只追求内心的愉悦。

诗仙李白也是快乐的，他的诗“人生得意须尽欢，莫使金樽空对月”，形象地阐述了他对人生的“看法”。

李白二十岁时只身出蜀，后供奉翰林，文章风采，名震天下 。因不能见容于权贵，最终弃官而去，以快乐的心情，游历大半个中国。

在生活中，很多人常常被种种不知足的烦恼所困扰，产生诸多的不快乐，其根源来自于不知足以及和他人的攀比，这些人常会觉得失意、失落或者气馁，感到生活累，心里苦；有的人甚至常有怨天尤人的举动。

一位功成名就的作家出名之后，总是感觉忙碌得不亦乐乎，同时感到生活很累，便去请教自己的老师。

作家向老师说道：“老师，我为何自从出名后就觉得工作越来越忙，生活越来越累呢?”

老师问道：“你每天都在忙些什么呢?”

作家如实回答道：“我一天到晚要交际要应酬，要演说要演讲，要接受各种媒体的采访，同时还要写作。唉！我活得太累太苦了。”

老师站起来打开衣柜，对作家说：“我这一辈子买了不少华美的衣服，你将这些衣服都穿在身上，就能从中找到答案了。”

作家说道：“老师，我穿着自己身上这身衣服就足够了。现在你要我将你的衣服也穿在身上，我会感到很沉重的，再华美，穿着也不舒服。”

老师说道：“这个道理你懂啊，那你为何要来问我呢？”

作家一脸迷惑，老师说道：“你不是已经知道——你穿着自己身上的衣服已足够了，即使再给你穿上更多华美的衣服，你也会感到很沉重的，你也会觉得不舒服。你难道还不明白——你是一个作家，你并非是一个交际家，也不是一个演说家，更不是一个政治家，你为何要去扮演一个交际家、一个演说家、一个政治家的角色呢？你为何要去做一个交际家、一个演说家、一个政治家的事呢？你这不是自找苦吃、自找罪受吗？”

作家恍然大悟：“做自己力所能及的事情，才能得到真正的快乐和幸福，自己是被自己累的。”

有句诗说：日出江花红似火，春来江水绿如蓝。山寺月中听桂子，郡亭枕上看潮头。大自然和生命已经给予了我们很多，我们应该知其足。任何过高的不切实际的非分之想、非分之行都是对生命的摧残，都是自寻烦恼和自讨苦吃。

人要热爱大自然，热爱生命，热爱生活，这样才会感到生活处处皆美好，从而乐在其中。而对自己的欲望之心，只要控制住底线，在合理范围，不是贪婪之人，就会活得舒服、活得快乐。魏晋时期有一个叫吴隐之的人，他的做法就很值得我们学习。

吴隐之是魏晋时期的濮阳郡人士。他在年轻的时候就操守清廉，在官场中如一株梅花傲雪绽开。他当官几十年，周围的很多官员都像走马观灯似的在宦海中浮沉，大起大落，匆匆过往，就连皇帝也换了好几个。俗话说“一朝天子一朝臣”，可是，吴隐之却能够稳坐“钓鱼台”，在官场几十年中，一直身居要职，并且步步高升，官运亨通。在很多人看来，他只是运气比较好而已，其实则不然，吴隐之在官场的成功与他勤政爱民、不贪不取的廉洁操守是分不开的。

晋朝隆安年间，吴隐之被朝廷选派为龙骧将军，任广州刺史。在广州任职期间，吴隐之表现得非常廉洁奉公，他与当地百姓约法三章，不妄取百姓的一分一毫，他时常戒谕属下，不可骚扰百姓。广州的物产非常丰富，可是吴隐之每日的吃穿用度都非常俭朴。不仅如此，他还要求家里的妻儿老小也都要勤俭持家。这样，经过吴隐之几年的治理，广州一带民风淳朴，物产丰饶，百姓们安居乐业，达到了大治的局面。朝廷听说后，下旨褒奖他。

晋孝武帝时代，曾经在淝水之战中立下战功的谢石被封为卫将军，一次，他听说了吴隐之廉洁奉公的为官操守后，就奏请皇帝让他来将军府做主簿。

有一天，谢石听说吴隐之的女儿要出嫁了，他想吴隐之一向都是清廉俭朴，女儿婚嫁之事必然会简单了事，于是，就想帮帮他。他派人带了很多东西到吴府去帮忙，使者走到吴家门口的时候，恰巧碰到一个小丫头牵着一条狗往外走，而院子里什么动静也没有。

使者心里很纳闷，以为是走错门了，于是，就喊住了那个小丫头，问她："这是吴主簿的府上吗?"丫头回答道："是呀!""贵府小姐要出嫁了吗?""是呀!"使者又朝门里扫视了一下，大惑不解，自言自语地说："怎么如此冷清?"小丫头不明白使者在说什么，便向他摆摆手说："对不起，我要卖狗去了!"使者急忙喊道："别跑，卖狗干什么?"丫头冲他笑笑说："不是告诉您老了吗?我家小姐要出嫁，等钱用呢。"说完就跑了，使者大吃一惊，根本不敢相信自己的耳朵，发了一下呆，转身回了将军府，向谢石报告了这件事。谢石听后，对吴隐之极度尊敬。

吴隐之真可谓是一个廉洁奉公的好官，他不利用自己手中的权力，剥夺百姓的财产。他能够很好地控制自己的欲望，不贪婪，不奸猾，不执着于名利权势，安于清贫的生活。

明代罗贯中在《三国演义》第十五回写道："汝贪心不足，既得吴郡，而又强并吾界。今日特与严氏雪仇!"贪心的人，常常欲念太盛，受名利诱惑，不控制私欲，没有一颗平常心，嫉妒心、攀比心都很重，贪荣慕利，贪便宜，把名利看得很重，最终自己被“贪”捆住，陷入不知足的泥潭，直至被“贪”所害。

远离多思、多虑、多得的陷阱

南怀瑾认为，一个人要想生活得幸福、愉快，千万不能“多想”，因为“多想”容易“患得患失”，“多想”容易让人“百般思量”，“多想”容易让人“计较得失”。古语说：人到无求品自高。意思是说人要培养自己淡泊明志、宁静致远的心态，培养“无求”的心态。

然而，培养“无求”心态太难了，因为这要保持一颗平常心。

200 多年前，纪晓岚陪乾隆皇帝出巡，一天坐船于东海。东海烟波浩渺，水天一色，桨动船飞，千帆竞渡。

乾隆皇帝问纪晓岚：“这海中南来北往的船大约有多少只啊？”

纪晓岚回道：“两只。”

“两只？”乾隆皇帝吃惊道。

“南来的为名，北往的为利，所以只有两只。”纪晓岚回道。

乾隆皇帝拍手称绝。

是的，生活中的很多人都在忙碌中度日，虽“忙”的目的不同，但主要是为名和为利。而名、利一旦加身，有人就会为名所累，为利所累。与名、利所累相伴的人还会有浮躁、焦灼、更大的欲望、更大的名利要求……

可见，人想要修炼到真正“无求”的心态，绝不是嘴上说说那么简单，必须要有长期“修炼”的功夫，才能达到发自内心的大度与宽容，才能做到对任何事都拿得起，放得下，不计得失，坦然面对。

“无求”，是一个人的智慧到了可以“得失随缘，心无增减”的程度，是杜甫“一览众山小”的心胸豁达，是陶渊明“采菊东篱下”的性情闲适。

宋代大文学家苏东坡堪称是“无求品自高”的典范。他一生命运多舛，受排挤、遭诬陷、入牢狱、屡次被贬官。但他总能以积极的人生态度守护宁静的一颗心；每次遇事，都坦然面对，尽量做到“接受”无怨言，这是多么高的“无求”境界啊！

从苏东坡的许多传世名作来看，与其说是坎坷的经历造就了他，不如说是苏东坡在“无求”思考中铸造了他高洁的品性和名垂青史的地位。而他的许多作品也是他在淡泊宁静的心灵中一次次的感慨和呐喊。

人真正做到心中“无求”，欣喜不忘形，失去不痛苦、绝望，富贵淡然处之，贫穷独善其身，是非常难的。因为更多时候，生活的五彩缤纷，让人们目不暇接，诱惑人们去追逐、追求。

所以，正确地对待名与利，仔细领悟生活的真谛，认真体悟平淡的人生，人就会真的快乐，就能“修炼”出“无求”境界。

清代陈伯崖曾经撰写过一副对联：“事能知足心常惬，人到无求品自高！”可谓是金玉良言。

伯夷是商朝时期孤竹国国君的长子，他有两个弟弟，最小的弟弟叫叔齐。伯夷的父亲有意立叔齐为继承人，等到伯夷的父亲去世以后，伯夷为了遵从父亲的遗愿，就从孤竹国出走，好让叔齐即位，而叔齐尊重嫡长子继承制，非让哥哥即位，于是他也出走了。

孤竹国人没有办法，只好让伯夷的另外一个兄弟即位。即伯夷和叔齐兄弟俩后来碰到了一起，为了躲避商纣王的暴政，就隐居在北海之滨，后听说周文王善待人，兄弟俩就一起投奔西周，在半路上碰到了周武王伐纣的大军，才知道文王已经死了，两人极力劝武王不要伐纣却没有成功，后来周灭商，兄弟俩发誓不食周粟，于是到首阳山采野菜为食，但是，“普天之下，莫非王土”，伯夷和叔齐为了表示心志，绝食而死。

孔子定论伯夷、叔齐这样的人是“无求”之人，后来的孟子，再到后世的士大夫，都将伯夷兄弟看作孝、悌、忠、廉的典范。

一个书生进京赶考，路过鱼塘时看到渔夫刚钓到一条大鱼，书生便问渔夫是如何钓到如此大的鱼的。渔夫得意地说：“这当然需要一些技巧，刚开始时因为鱼饵太小，大鱼根本不理我，后来我干脆把鱼饵换成了一只乳猪，没一会儿工夫大鱼就上钩了。”

书生听后感叹地说道：“鱼啊，鱼啊，池塘里小虾那么多，让你一辈子都吃不完，你却抵不住诱惑，偏要去吃渔夫送上门的大饵，你是因贪而死的啊！”

从这则寓言中你看到了什么？欲望害人，欲望杀人。人欲望过大，就会有所“求”，而对有所“求”不加限制，欲望就会更加膨胀，追求就会不择手段。所以，抵挡来自各方面的种种诱惑，努力修炼“无求”非常重要。

唐朝的一个督运官在监督运粮船队时，不幸因遇大风翻船使粮食受到损失，时任巡抚的卢承庆在考核他的时候说：“监运损失粮食，成绩中下。”

督运官听到此评价，一句话也没说，只是从容地笑了笑便退了出去。

卢承庆对他的气度和修养颇为欣赏，就把他叫回来重新评估道：“损失粮食非人力所能及，成绩居中。”

督运官仍然没说什么惭愧之类的话，又是笑笑而后退出去。卢承庆深为他的坦荡胸怀所感动，最后评价道：“荣辱不惊，遇事从容，成绩中上。”

在古代浩如烟海的记载历史人物的典籍中，一个小小的督运官能引起史官的注意，并在《唐书》中专门为他记上一笔，不是因为别的，就是因为人们推崇他“荣辱不惊，遇事从容”的“无求”心态。

可见，“无求”的修炼是人生的一大智慧，也是人生的一种高境界。古人说瓜熟蒂落，水到渠成，名就功成，这些都不是“求来”的。所以，切记不可“强求”。历史证明，世间太多的事与物，都非“强求”所能成功；都非“强求”所能拥有。

诸葛孔明当年在草庐之中躬耕南阳，心忧天下。他在清风明月中读史，在竹林泉石旁对弈，日观风云变幻，夜察星斗转移，不问名利，不求显达，胸中的鸿鹄之志和济世之才，在那青山绿水间浑然成就。

出山后，他作为蜀国丞相，大公无私，矢志不渝，鞠躬尽瘁，死而后已。身后未留下一分私财，留下的是千古流芳的精神，以及让后人永远受益的一句“淡泊以明志，宁静以致远”的话。

诸葛亮的“无求”也是达到了高境界。

也许，你没有辉煌的业绩可以炫耀，没有大把的钞票可以使用，但在生活中，心安是福，“无求”是运。追求宁静致远、淡泊明志的人，行走的道路上永远开满鲜花，身边永远芳香四溢；而追求显达名利者，生活的道路上会遍布荆棘，四处设障。

所以，人生之路何去何从，需慎重选择。

修行修为要“精勤”

南怀瑾是个勤奋的人，他常说修行修为要“精勤”。用他自己的话说，他“学过军事，带过兵，也教过兵，做过官，文的武的，大学也听过课，也去上过研究所，所有的教育都受过了”。南怀瑾非常认同“业精于勤荒于嬉，行成于思毁于随”这句经典话语背后的内涵。

有个成语叫江郎才尽，意指才能皆无。

江郎是指南朝江淹，江淹为什么先在事业上颇有成就，又为什么正值年富力强，本当大有作为之时却才思枯竭？分析一下其中的缘故，对我们也很有启示。

传说江淹出身贫寒，少年才思聪颖，后位居高官，封醴陵侯，有一次在凉亭睡觉，梦见郭璞向他讨还毛笔，他从怀里掏出一支五色笔给郭璞，从此才思就平淡无奇了。又说他有一次乘船，泊于禅灵寺旁，梦见张景阳向他讨还了几尺绸锦，以后写的文章就无文采了。

上述虽只是传说，但历史上江淹的诗文到后来退步是真有其事，并为历代诗家文士所公认。据考证，江淹文思一落千丈的根本原因，不是上面说的那些子虚乌有的传说，而是他因聪颖成名后骄傲了，他不再进步，总想倚仗自己的聪明才智，而聪明才智又是有限的，不去补充新的知识大脑就会退化。

江淹早年家境贫寒，所以学习刻苦，“处处留情于文章”。他非常注意向前辈及有成就的人学习，“于诗颇加刻画，天分不优，而人工偏至”，也就是说，他虽缺乏做学问的条件，却以加倍的努力去钻研。他的成就，不是天意神授，而是来自于他每日的“勤”和“思”，他的勤奋不怠，好学不倦，是他少年才华誉满朝野的根本原因。但到了有所成就后，特别是官做大了，名声也大了，他认为平生所求皆已具备，功名既立，须及时行乐了。于是“由嬉而随”，耽于安乐，自我放纵，再不求刻苦砥砺了。后来，他总结自己性有五短，其中“体本疲缓，卧不肯起”“性甚畏动，事绝不行”等，充分说出不再勤、不再思，而是“又嬉又随”，最终导致江郎才尽。他眼光也总是“望在五亩之宅，半顷之田”，什么修身治国平天下等雄心壮志都烟消云散了。

江淹不思进取，终日耽于玩乐，最终荒废了自己的学业，导致学疏才浅，诗文褪色，“绝无美句”，这是必然的结局。

在人的一生中，任何事物都代替不了勤奋。人要想真正学到知识，勤奋、决心、信心、恒心都是必不可少的。学习犹如逆水行舟，不进则退，而“天才是 99% 的汗水加上 1% 的灵感”一点也不错。人千万不能养成懒惰和拖沓的习惯；否则，一事无成。

齐白石小的时候，家里生活艰难，读了半年书，他只得辍学打柴放牛。但他从小爱好绘画，由于家境贫苦，买不起纸墨，他便常用废账簿和习字纸练习绘画，每每练习到深夜。

12 岁后，齐白石因体弱无力耕田，改学雕花木工，为了寻求雕花新样，他与绘画结下了不解之缘。有一年，他偶然得到一部残缺的乾隆年间翻刻的《芥子园画谱》，喜不自禁，反复临摹起来，逐步摸到了绘画的门径。

齐白石 27 岁那年正式从师。从此，他数十年如一日，几乎没有一天不画画。据记载，他一生中只有三次间断过：第一次是他63岁那年，生了一场大病，七天七夜昏迷不醒；第二次是他64岁那年，他的母亲辞世，由于过分悲恸，几天不能画画；最后一次是他95岁时，因生病而辍笔。这三次加起来仅仅一个多月的时间。他一生作画四万余幅，吟诗千首；他自称“三百石印富翁”，其实他一生治印共计3000多方，被著名文学家林琴南誉为“北方第一名手”，他的治印手艺与他的画作齐名。

齐白石直到60岁前画虾还主要是靠摹古。62岁时，齐白石认为自己对虾的领会还不够深入，需要长期细心地观察和写生练习。于是就在画案上放一水碗，长年养着几只虾。他反复观察虾的形状、动态。然而，此时期他画画的水平，还是侧重于追求所画事物的外形。画出的虾外形很像，但精神气不足，不能表现出虾的透明质感。65岁以后，齐白石的画虾水平有了一个飞跃，虾的头、胸、身躯都有了质感。这以后他开始专攻虾的某些部位，画虾不仅追求形似，更追求神似。他70岁时画虾达到了形神兼备的程度，到了80岁，齐白石老人笔下的虾简直是炉火纯青了，不仅形似，同时活灵活现，如同活的一般。然而齐白石画虾时仍然非常尽心尽力。85岁那年，有一天下午，他连续画了四张条幅，直到吃饭时，仍然要坚持再画一张，画完后题道：

"昨日大雨，心绪不宁，不曾作画。今朝制此补充之，不教一日闲过也。"

白石老人勤勉不倦。他早年曾刻"天道酬勤"印章以自勉。临终前又留下"业精于勤"的手迹以励人。此外，还有一块"痴思长绳系日"的印章，足见他一生对自己要求之严。

1953 年，白石老人已是 93 岁高龄，这一年他仍画了 600 多幅画。

因为齐白石"一日也不闲过"，在绘画、篆刻方面做出了卓越的贡献，成为世界文化名人。在他 90 岁寿辰时，国务院文化部授予他"中国人民杰出的艺术家"的光荣称号。

古人说："莫等闲，白了少年头，空悲切。"人只有脚踏实地地去努力才能有所成就。努力行动往往比只说优美言辞更有力量，因为一万句空话也比不上一个努力的行动。因此，人在年轻的时候，要养成努力的习惯，无论条件多么艰苦，都要坚持不懈地坚守自己的目标。

一个农民天天在地里劳作，有一天他突然想：与其每天辛苦工作，不如向神灵祈祷，请他赐给我财富，供我今生享受。

他深为自己的想法而得意，于是把弟弟喊来，把家业委托给他，又吩咐他到田里耕作谋生，别让家人饿肚子。一一交代之后，他觉得自己没有后顾之忧了，就独自来到天神庙，为天神摆了一桌供品，然后，不分昼夜地膜拜，他毕恭毕敬地祈祷："神啊！请您赐给我现世的安稳和利益吧，让我财源滚滚吧！"

天神听见这个农民的愿望，内心暗自思忖：这个人，自己不工作，却想谋求巨大财富。我不妨用些方法，让他醒醒吧。

于是，天神化作他的弟弟，来到他身边，像他一样祈祷求福。

哥哥看见了，不禁问他："你来这儿干吗？我吩咐你去播种，你播下了吗？"

"弟弟"说："我想跟你一样，来向天神求财求宝，天神一定会让我衣食无忧的。纵使我不努力播种，我想天神也会让庄稼在田里自然生长，满足我的愿望。"

哥哥一听"弟弟"的话，立即急了："你不在田里播种，想等着收获，真是异想天开！"

"弟弟"听见哥哥如此说，故意问："你说什么？再说一遍听听。"

哥哥说："我就再说给你听：不播种，哪能得到果实呢？你仔细想想看，你太傻了！"

这时天神显出原形，对哥哥说："诚如你自己所说，不播种就没有果实。你光祈祷天神给你财富，是没有用的。"

哥哥惭愧地低下头。

人靠梦想和祈祷是干不成任何事的，人靠聪明“吃老本”也只能维持一时，人最重要的是不断地学习，采取积极的行动，付出心血和汗水，这样才会到达理想的目的地。人拼搏，就会获得辉煌的成功；人勤奋，就会有所收获；人奋斗，就能品味幸福的人生；人努力，就会收获更多的果实。

骄傲自满易摔跤

南怀瑾的一生是谦虚的一生，即使他成名成家之后，也依然保持谦虚谨慎、戒骄戒躁的人生态度。南怀瑾有一本著名的著作《论语别裁》，之所以定名“别裁”，是“自别裁于正宗儒者经学之外，只是个人一得所见，不入学术预流，未足以论下学上达之事也”。

俗话说：“水不厌深自比海，山不矜高自及天。”骄傲自满、自视过高、盲目自大的后果真的很严重，就算是有本事的人，一旦犯了这些错误，也会悔之又悔的。

三国时期的关羽是多么了不起啊，手中一把青龙偃月刀，胯下赤兔千里马，曾经温酒斩华雄，过五关诛六将，斩颜良诛文丑。其英雄无敌可谓天下无人不晓、无人不知。也正因为如此，曹操要哭着哀求才能过华容道；也正因为如此，周瑜面对关羽时顿感手足无措，浑身战栗。可以说，在当时关羽之名是威震华夏，无人能及的。然而，即使是这样的人、这样的英雄，也有丢盔弃甲成为别人俘虏的时候。究其原因，功成名就后的骄傲自满、盲目自大不能不说是他犯下如此错误的一个重要原因。

南怀瑾曾说，做一个低调的人，不自矜，不骄傲，在任何时候都保持一颗谦逊的心，对别人持欣赏态度，不犯自矜的错误。他不仅这样说，也是这样做的。

他多次给学生讲西楚霸王项羽兵败垓下的例子。

秦王朝统治期间，横征暴敛，刑法严苛，滥使民力，弄得民不聊生，天下怨恨纷纷。大泽乡陈胜吴广起义被镇压失败后，楚国项梁项羽叔侄与沛郡刘邦的两支起义军成为反秦的主力。项梁被秦朝名将章邯击败后，项羽率三万人马在巨鹿与章邯决战，结果，项羽以少胜多，大破章邯三十万秦军，取得了巨鹿之战的胜利，这就是著名的成语“破釜沉舟”的出处。秦军主力被瓦解，秦国成为明日黄花，不堪一击。刘邦西进关中，秦王子婴纳印出降。秦王朝就这样只传了一世就灭亡了。

鸿门宴后，项羽自封西楚霸王，分封诸侯，封刘邦为汉王，据守蜀中。此时的项羽，以为天下尽在其掌中，各路诸侯都不是他的敌手，殊不知，汉王刘邦在明修栈道，最终击破三秦，西出蜀中，从此与项羽逐鹿于天下，最终打败项羽，建立了大汉王朝。

韩信、陈平都是为刘邦建立汉朝立功的大将，原是在项羽帐下效力的，之所以转而投效刘邦，是因为项羽刚愎自用、自视甚高，看不起他人，觉得在项羽手下发挥不了作用，自己一身才能无法施展，最终选择了刘邦。

而刘邦自己虽然没有什么才能和本领，但是他有一个最大优点，就是善于用人，尤其对别人的意见能够洗耳恭听，对待有才能的人，能恰当地安排他做适合的事，任人唯才，尽人才能所用。

比如，陈平是个很有才能的人，但从前作风不正，项羽因为他的人品问题，并不重用他。后来他到刘邦军中的时候，刘邦对他曾有的行为也很厌恶，但张良劝告刘邦说：“主公是想要用道德高尚、品行良好的人来装饰门面呢？还是想用有才干的人帮您平定天下呢？况且以前错了，不代表现在不能用啊！”刘邦恍然大悟，结果重用陈平，而陈平也在其帐下尽展所长。比如，他曾施反间计离间项羽和范增的关系，间接导致范增因激愤而死。

垓下一战，项羽全军覆没，只剩八人八骑。项羽逃至乌江岸边，面对着滔滔江水，回想当年率江东八千子弟兵渡江破秦，那是何等的英雄、何等的风光，如今兵败如山倒，四面楚歌，自己还有何面目再见江东父老，于是自刎而死。其实，项羽在临死之前仍然不知道他败于刘邦的原因，他还以为只是天不遂人愿，而真正的原因则是他的自矜所致。

刘邦统一天下后，在洛阳置酒高台，总结自己能打败项羽的原因的时候，对众位臣子说："夫运筹策帷帐之中，决胜于千里之外，吾不如子房。镇国家，抚百姓，给馈饷，不绝粮道，吾不如萧何。连百万之军，战必胜，攻必取，吾不如韩信。此三者，皆人杰也，吾能用之，此吾所以取天下也。"而"项羽有一范增不能用，此其所以失天下也"。这些总结真可以算是对项羽自矜最好的说明了。

狂妄自矜的危害非常大，一个人即使再有才，再有功劳，贡献再突出，也经不起一个"矜"字的侵蚀。所以，人无论多么成功，多么优秀，在自矜面前都是不堪一击的。

人都有缺点，有缺点不代表不能成功。正视自己的缺点，不狂妄自矜，不仅仅是对自己的人生负责，也是对自己的事业负责。人只有学习别人的长处，谦虚谨慎，才能更好地实现人生的价值，实现远大的抱负。敢于坦承自己的不足，克服缺点，就能更快地进步。一个人，不可能是什么都懂的“全才”，虚心地放下“身段”，并不是什么令人难堪的事，而是学会了处理成长中遇到的问题。

有个南方人，不吃鸡蛋，一次，他出远门到北方。在路上走得累了，肚子也咕咕直叫，就进了一家小店坐下，准备吃些东西。

店里的伙计一看有客人来了，忙过来招呼，殷勤地边擦桌子边问：“客官，您想吃些什么？”

这个南方人第一次来北方，对北方的菜很不熟悉，就随便地说道：“有什么好菜就上吧。”

伙计应道：“本店的木须肉做得可拿手了，您可以尝一尝。”

不一会儿，菜端上来了，南方人一看，原来里面有自己不吃的鸡蛋，可他又怕如果说出来，别人会嘲笑自己，就不愿明说，只是问道：“还有别的什么好菜吗？”

伙计说：“还有摊黄菜，也是本店的拿手名菜。”

南方人心里嘀咕：摊黄菜是什么玩意儿？不管它，先要了再说吧。于是说道：“太好了，就这个吧！”

等到菜送来一看，仍然还是有自己不吃的鸡蛋。他不好再推了，只好说："菜是不错，可惜我肚子挺饱的，不想吃东西。"

他的仆人饿得实在不行，便劝他说："前边的路还很远，不吃的话，待会儿恐怕要挨饿了。"他于是"借梯子下台"说："既然这样，那我们就吃些点心吧。伙计，有好点心吗？"

伙计答道："有窝果子。"

他说："那就多拿几个来吧。"

等到"窝果子"被端上来，他一看不禁傻了眼，竟然又有自己不吃的鸡蛋。他又羞又恼，再也找不出什么理由了，只得饿着肚子赶路，直走得疲惫不堪。

这一故事说明，人不知道某方面的常识并不可怕，可怕的是不懂装懂。每个人都有自己无知的地方，虚心向别人请教，才能不断进步。

所以，不要为了区区的"面子"而不肯低头向他人虚心求教，如果这样的话，就会错过很多从欣赏别人的过程中得到学习的机会。人要懂得欣赏别人，要懂得为别人喝彩，这既是一种学习，也是一种美德；既是一种人格修养，也是一种高尚的境界。

从前有两个小和尚，一个姓黑，一个姓白，为了拜师学艺，做进一步的修炼，他们讨论各自分开去寻求名师。同时，他俩也约定好在十年后的今天，他俩一定再回到分手位置的渡船码头，不见不散。

岁月如梭，十年一晃就过去了！两人依约回到渡船码头见了面，白和尚问黑和尚说：“黑老大！你的功夫一定很精进，你老兄练就了什么绝活呢？”

黑和尚很自豪地说：“我拜了一位大师，练就了‘芦苇渡江’的无上功夫，现在就让你开开眼界！”说完，立刻摘下一根芦苇草，丢入江中，乘着芦苇草渡江而过。

白和尚跟着其他的人，坐着渡船过江，两人刚一碰面，黑和尚就很得意地向白和尚说：“白老弟，你看我这功夫如何？你老弟练了什么无上的功夫？赶快也露一手，让咱瞧一瞧！”

白和尚低声地说：“我好像什么都没有练，咱师父教咱每天只管认真地吃饭，认真地睡觉，专心一意地当和尚，连敲钟念经都要很专一，师父说这是无上的‘智能与心法’，不知这法厉害不厉害。”

黑和尚听了，哈哈大笑，说道：“这也算是功夫？你这十年都白过了？”

白和尚并没笑，他想了想，说：“黑大哥，你的功夫虽然很厉害，可是我只付给船夫三文钱就可以渡江，你却花十年的时间练了芦苇渡江术，有点不合算啊。”

黑和尚当场愣住了，一下子不知如何作答！

“要是没有船呢?”黑和尚的师父不知何时来了，他朗声说道。

这回白和尚语塞了。

故事中白和尚不能说没练本事，黑和尚也不能说本事就很高强，两人所练各有所长，单纯的“比”功夫没有任何意义。

人这一生可学的本领、知识太多了，过去说“三百六十行，行行出状元”，现在行业增多，可学的就更多了。花开心自知，深水流自静。有谦逊品质的人，是不会把自己的“能耐”、本领天天挂在嘴上不停地去说、去张扬的。人只有静下心来，三缄其口，更多地用心去学知识、练本领，才能体会到谦恭这种境界的博大精深。当然人更重要的是，加强自身的实力，不做有成绩就骄傲自满、刚愎自用、自视甚高、看不起他人的人。

人无信不立，国无信不强

南怀瑾有一句著名的话：“诚信心自安。”他曾说：“做人也好，处世也好，为政也好，言而有信，是关键所在，而且是很重要的关键，无‘信’是绝对不可以的。”他以一生践行了诚信美德，他的一生也是诚信的一生。

中国传统文化，“诚信”二字十分讲究。信作为封建社会“五常”之一，要求人诚实不欺、遵守诺言，这也是处理人际关系的最基本的道德规范之一。

北魏的崔浩和中书侍郎高允两个人就遭遇过生死考验。作为司徒，他们奉命撰写北魏的国史——《国书》。

崔浩和高允两人依据实录作史的精神，对北魏早期的历史多秉笔直书，《国书》写好以后，被镌刻在首都平城南郊十字路口的石碑上。当权的一些官吏看后极为不满，他们跑去跟北魏太武帝拓跋焘进谗言，说这二位史官不好，不管好坏都写出来了，这不是影响贵族的形象吗？

拓跋焘听后很是气愤，就下令逮捕了司徒崔浩，接下来就要逮捕中书侍郎高允。偏偏太武帝的儿子，就是当时的太子拓跋晃，曾经跟高允念过书，他知道这件事情以后，想保护自己的老师，就把高允请到东宫住了一夜。第二天早上，拓跋晃和高允一起进宫朝见皇帝。二人来到宫门前，太子对高允说："我们进去见皇上，我自会引导你怎么做。一旦皇上问什么话，你只管按照我的话去说。"高允问为何如此安排，太子也不回答只说进去便知。

太子应召先进去了，例行礼节后，便跟拓跋焘说："高允做事一向小心谨慎，而且地位卑贱，《国书》中的一切不好都是崔浩写的，与高允无关，我请求您赦免高允的死罪。"

拓跋焘召见高允，问："《国书》中许多不好史录果真都是崔浩一个人写的吗？"这个时候，高允明白发生了什么事，但他却是这样回答的：“《太祖纪》由前著作郎邓渊撰写，《先帝纪》和《今纪》是我和崔浩两人共同撰写的。不过，崔浩兼职很多，他只不过领衔总写而已，至于具体的著述工作，我写得要比崔浩多得多。”

拓跋焘一听，大怒，说：“原来你写得比崔浩还多，你的罪行比崔浩还大，怎么可能让你活！”太子慌了，非常害怕，赶紧对他的父亲说：“您的盛怒把高允吓糊涂了，他只是一介小臣，现在说话都语无伦次了。我以前问过他这件事，他说是崔浩写的，真的与他无关。”

拓跋焘听罢转向高允问道：“真的像太子说的那样吗？”高允不慌不忙地回答说：“我的罪过确实非常大，但我不敢说虚妄的话来骗您。太子因为我长期给他讲书而哀怜我，想要救我一条命。其实，他没有问过我，我也没有对他说过这些话。我不敢瞎说。”显然，为了维护史实真相，高允连命都不要了。

太子很是担心，以为高允这次是必死无疑了。不料，拓跋焘回过头对太子说：“这就是正直啊！这在人情上很难做到，而高允却能做得到！他明知自己就要死了，却不改变他说的话，这就是诚实。作为臣子，不欺骗皇帝，这就是忠贞。我应该赦免他的罪过，还要褒扬他。”此后，皇帝不但赦免了高允，还给了他很多奖励。

高允宁死不说假话，为后来的史官树立了良好的榜样。

那么，高允的勇气从何而来呢？它来自于一种内心对诚信的信仰，来自史官对历史真相的执着守护。人做到诚信，有时候是需要胆量的，尤其是面对生命的威胁，高允也丝毫没有选择撒谎来逃避责任，而是恪守诚信的原则，甚至牺牲生命也在所不惜。正是这种诚实的精神获得了皇帝的尊重，也获得了皇帝的赦免。

著名的“商鞅立信”，也是“讲诚信、守信用”的例证。

商鞅是先秦时期著名的法家代表人物，商鞅在变法之前，怕百姓不相信新法，于是采用了“徒木立信”的策略：南市是秦国栎阳南门内城墙下的一处农牧货品交易大市。正午最热闹的时分，大市里来了一小队士兵。他们将抬来的一根粗壮的木椽靠在一座石坊上，一个黑衣小吏走进栅栏，站在石墩上高声道：“农牧猎工商人等听着：奉左庶长卫鞅大人命令，谁人能将这根木椽扛到北门，国府赏十金！看好了，这是十金！”小吏摇晃着手里的皮钱袋，“当啷当啷”的金饼撞击声清脆悦耳。只见木栅栏外“轰”的一片笑声，许多买卖完毕的市人也围了过来。人们你看我，我看你，谁也不认为官府能兑现承诺。

市民越聚越多，纷纷议论，只是没有一个人上前扛那根椽。正在此时，一队甲士护卫着一辆牛车驶到木栅栏外。车上跳下三个人来，为首的便是左庶长卫鞅，紧跟着的是栎阳令王斌，最后是一个捧着木盘的书吏。

王斌踏上石墩高喊道：“秦国的父老兄弟、列国客商们：我是栎阳县令王斌，为昭国府信誉，日下扛这根木椽的赏金加到三十金，无论谁扛到北门，即刻领赏，绝不食言！请看，这便是赏金。”回身一指书吏捧着的木盘，揭去红布的木盘中码着一排金饼，在阳光下灿烂生光。

人们议论纷纷，却无人上前，卫鞅一脚踏上石墩，“秦国民众、列国客商们：我是左庶长卫鞅，以往国府号令多有反复，庶民国人不相信官府，是以秦国的事情办不好。从今日开始，官府说话一定算数，一就是一，二就是二，绝不更改！为表官府诚意，今日徒木立信，谁将这根木椽搬到北门，即刻赏金五十，这是秦国官府今年的第一道命令。”

“啊——，赏金又涨了！”人群开始骚动起来，激动和兴奋的情绪开始弥漫，但人们还是半信半疑，三五成堆的互相议论。

这时，卫鞅见仍没有动静，又高声道：“列位以为搬木容易，不值五十金，没有人相信，对吗？卫鞅正告列位，官府信誉，千金万金也买不来，为官府立信，理当赏赐！从今以后，官府言必信、行必果；庶民相信国家，国家令出必行，秦国才能变样，目下，我再增加赏金。谁人将徙木扛至北门，赏金一百！”一招手，身后书吏将满当当的一盘金饼举起来转了一圈。人群又一次掀起波澜，大家相互推挤对方上去试一试。

突然，人群中有人高喊一声：“我来！”众人骤然安静下来，只见一少年布衣褴褛，赤脚长发，黝黑结实的肌肉一块块鼓在破衣外面。

卫鞅问道：“小兄弟，你想搬？”少年目光闪闪，“怎么了，不算数？”卫鞅扶住少年，面向众人道：“国府立信，童叟无欺。列位随这位小兄弟到北门做证，看他领赏金一百！”话音落下，少年弯下腰，扛起木橼向北门走去。

少年大步如飞，直到北门吊桥外的平地才放下木橼。看热闹的人群也紧紧跟着少年全部走到了北门，所有人都目不转睛地看着卫鞅。卫鞅并未说话，走到书吏面前揭开红布，亲手捧起一百金递给少年。

卫鞅对着围观百姓说道：“父老兄弟们，秦国从明日开始就实施变法了，你们将陆续看到新法令。今日徙木立信，就是要大家明白，官府说话算数——颁布新的法令必须忠实执行！只要全国上下一条心，秦国必将强大起来。”

随着三月二十栎阳大集的结束，卫鞅徙木立信的故事迅速传遍了秦国山野村庄。宋代王安石曾写《商鞅》一诗："自古驱民在信诚，一言为重百金轻。今人未可非商鞅，商鞅能令政必行。"

诚信是一个道德范畴，是日常行为的诚实和正式交流的信用合称。千百年来，人们讲求诚信，推崇诚信。诚信之风早已融入我们民族文化的血液中。有关诚信的故事、格言随处可见，诚实守信的人也越来越多。人无信不立，国无信不强，平凡中信守道义，困苦中把诚信作为责任，人生路上，诚信如同一盏明灯，路越走越宽广，而失信，最终无路可走。

"三晋"时期，魏国魏文侯是个贤明的君王，为人最讲诚信。有个关于他的经典故事被人传颂至今：

一日暴雨骤降，魏文侯在宫中宴请群臣，君臣酒兴未艾，暴雨却依然下个不停，魏文侯问："现在是什么时间?"左右侍从说："已经正午了!"魏文侯毫不迟疑地站起来，催促随从快去备马车，要出去打猎。大臣们不解：天气如此糟糕，为什么要出去打猎呢?!魏文侯说："寡人已经和人约好，今天中午一起去打猎，那人一定在郊外等我，虽然雨天不能打猎，但是怎么能不去赴约呢?"话毕，他带着随从一行消失在茫茫雨幕中。

魏文侯以诚实、守信用为立身之本，因此他广得贤才，如卜子夏、田子方之属，吴起、乐羊、西门豹等人，魏国很快富强起来，成为战国初期的一大强国。

诚信是立人之本，是齐家之道，是交友之础，也是为政之基。古语云：“反身而诚，乐莫大焉。”人只要做到真诚无伪，就可使内心无愧；反之，社会秩序混乱，彼此无信任感，就会矛盾不断。

《吕氏春秋·贵信篇》说，如果君臣不讲信用，则百姓诽谤朝廷，国家不得安宁；做官不讲信用，则少不怕长，贵贱相轻；赏罚无信，则人民轻易犯法，难以施令；交友不讲信用，则互相怨恨，不能相亲；百工无信，则手工产品质量粗糙，以次充好，丹漆染色也不正。由此可见，失信对社会危害何等之大啊！

诚信既是需要培养的，也是需要修炼的，人应时时提醒自己，将诚信牢记心中。诚信对于人的自我修养、齐家、交友乃至为政都是不可缺少的美德，所以，我们都应该从现在开始，从小事做起，诚实守信，并且把它作为一生的为人处世的准则！

“忠恕”之道，一以贯之

南怀瑾在《论语别裁》中说，后世提到孔子的“忠恕”之道，其实就是推己及人，即替自己想也要替别人想。

古代儒家讲究“忠恕”之道，那么什么是“忠恕”之道呢？“己所不欲，勿施于人”是“忠恕”之道的一种；推己及人也是“忠恕”之道的一种，“忠恕”思想看似简单，实则做起来极为不易。因为“忠恕”是以待自己的态度对待他人。

而“己所不欲，勿施于人以及推己及人”的做法，是一种把自己和他人对等地看待的一种人生观，也是一种仁爱之德。因为，如果我们能够时常把别人看成自己，设身处地地为别人着想，自己不喜欢的东西也不去强加给别人，这样做离仁德之人的要求也就很近了。

孔子关于“忠恕”之道，用了“一以贯之”，这说明这是唯一的，后世人认为“忠恕”之道就是人们常说的将心比心、推己及人的思想。

据《贞观政要》记载：贞观四年，唐太宗李世民有一次与臣属魏征谈皇帝的行事原则问题。

李世民说：“考见修饰宫殿屋宇，游玩观赏池台，这是皇帝所希望的，但不为百姓所希望。帝王所希望的是骄奢淫逸，百姓所不希望的是劳累疲惫。其实，劳累疲惫恐怕是人见人弃的事；孔子曾经说过‘己所不欲，勿施于人’，看来劳累疲惫的事，确实不能施加给百姓。我处于帝王的尊位，富有天下，处理事情能设身处地，节制自己的欲望。如果百姓不希望那样做而硬要做下去，一定不能够顺应民情。”

魏征说：“陛下素来体恤百姓，常常节制自己去顺应民情，臣听说：‘拿自己的欲望去顺应民情的就会昌盛，劳累百姓来娱乐自己的就会灭亡。’隋炀帝贪心无厌，专门喜好奢侈，每当有官属供奉营造稍不称心，就用严厉的刑罚处罚，终于导致灭亡。这不仅在史籍中有记载，也是陛下亲眼看见的。如果您只想满足自己的欲望而不考虑人民的疾苦，那么也难免不重蹈覆辙。”

太宗说：“你讲得很好！不是你，我岂能听到这些话？”

还有一件事。

有一年，公卿大臣上奏李世民说：“按照《礼记》，夏季最末一个月，可以居住在高台上筑成的楼阁。现在夏热未退，秋季的连绵大雨才开始，皇宫里低矮潮湿，请陛下营造一座楼阁来居住。”臣子们巴结皇上，不可谓不用心良苦，要为李世民修建一座避暑的行宫，还引经据典，搬出《礼记》来，但李世民见到奏章后说：“我患有气喘病，哪里适宜住低下潮湿的地方？修一座行宫避暑，按理说也不为过，但是如同意了你们的请求，浪费实在太多，会给人民增加沉重的赋税。从前汉文帝准备修建露台，后得知费用相当于十余户人家财产的费用，就不再兴建。我的德行赶不上汉文帝，而耗费的财物却超过了他，这难道是作为百姓父母的国君应该行的吗？”尽管公卿再三坚决奏请，李世民始终没有答应。

李世民身为一国之君，能够通过节制自己的物欲来实现“己所不欲，勿施于人”，不能不说是一位仁君。忠者，心无二心，意无二意之谓。恕者，了己了人，明始明终之意。

大禹在接受治水的任务时，刚刚和涂山氏的一个姑娘结婚。当他想到有人被水淹死时，心里就像自己的亲人被淹死一样痛苦、不安，于是他告别了妻子，率领27万治水群众，夜以继日地进行疏导洪水的工作。

在治水过程中，大禹三过家门而不入。经过13年的奋战，终于疏通了九条大河，使洪水流入大海，消除了水患，完成了流芳千古的伟大工程。

到了战国，有个叫白圭的人，跟孟子谈起这件事，他夸口说："如果让我来治水，一定能比大禹做得更好。只要我把河道疏通，让洪水流到邻近的国家去就行了，那不是省事得多吗？"

孟子听后很不客气地对他说："你错了！你把邻国作为聚水的地方，结果会使洪水倒流回来，造成更大的灾害。忠恕的人，有仁德的人，是不会这样做的。"

从大禹治水和白圭谈治水这两个故事来看，白圭只为自己着想，不为别人着想，这是一种"己所不欲，要施于人"的错误思想，而大禹治水把洪水引入大海，虽然费工费力，但这样做既消除了本国人民的灾害，又消除了邻国人民的灾害。这种大公无私、推己及人的做法，是值得我们钦佩和效法的。

做人要懂得“忠恕”之道，这既是儒家历来倡导的原则，也是中华民族优秀的美德之一。而“忠恕”之道，若能推而广之，正是“让世界充满爱”的具体行动。而人如果时刻保持一颗“忠恕”的心，用推己及人的方式来处理问题，用换位思考来对待他人和社会，就不会有那么多的矛盾和隔阂了。

人除了关注自身的存在以外，还得关注他人的存在，因为人与人之间是平等的。“忠恕”之道，是将心比心、自利利他、自觉觉他、成己成人的做法，是相处和谐的法宝。

汉代的时候，山阳郡有两家人，一家姓萧，一家姓楚。两家是邻居，只隔了一道墙，而且这道墙也不是很高，中间还开了一道门，以方便邻居间的来往，这道门是从来不上锁的。两家人和谐相处，倒也其乐融融。

两家院子里都栽种了瓜，萧家人比较勤劳，每天给瓜浇水、施肥好几次，还除草，所以他们家的瓜儿长势很好，瓜藤一直蔓延到楚家的院子里，枝繁叶茂。而楚家人却不似萧家人那么勤劳，瓜藤管理不善，好长时间瓜不见长，而且害虫还不时地会来光顾一下，与旁边萧家的瓜构成了很鲜明的对比。楚家人心里不是滋味，看见旁边萧家的瓜长得那么好，觉得自己太丢“面子”了，于是他们就想了一个办法。

有一天夜里，楚家人趁萧家人都熟睡之际，悄悄地进入其院子里，把院子里的瓜藤全部扯断，让它结不出瓜来。第二天，萧家人发现了这个情况，看见大门门锁仍然是好好的，不像是外面的贼跑进来干的，他们就想到了旁边的好邻居楚家，怀疑是他们干的，但是楚家人却矢口否认，不得已，他们就告到了当地的县衙。县令大人升堂断案，问明情况后，深入调查，确定是楚家人干的。楚家人知道再也抵赖不过，就只好承认了。

萧家人实在气不过，就告诉县令大人，说我们也过去把他们家的瓜藤给扯断就好了。县令大人说："他们这样做当然是很卑鄙的，理应受到惩罚，可是，你们既然不愿意他们扯断你们家的瓜藤，那么为什么又想反过去扯断人家的瓜藤呢？别人做了不对的事，我们心里会很气愤，可是，如果我们再跟着学，也像他们那样做不对的事，那就太狭隘了。你们听我的话，从今天起，你们每天晚上在他们睡熟后，去他们家院子里给他们家的瓜藤浇水、施肥，让他们家的瓜藤也同样长得很好，而且要千万记住，这件事绝对不能让他们知道。"

萧家人听县令这么一说，觉得有道理，于是，他们每天晚上夜深后就去楚家的院子里，给他们家的瓜藤浇水、施肥，这样一天一天地过去了，楚家的瓜藤长得枝繁叶茂，而且还结出了瓜，楚家人感到很奇怪，自己没怎么劳作，怎么瓜长的这么好。经过仔细的调查后，发现是邻居萧家人做的，他们惭愧之余升起了感激之情。

楚家人觉得以前那样对旁边的好邻居，实在是他们的不对，而萧家人不但不记仇，还帮着他们照顾瓜藤，他们心里十分感激萧家，于是，就约着家里的人一起去给这个好邻居致歉，并表达一下感激之情。萧家人接受了他们的道歉，从此两家又恢复了以前那种和谐的关系，甚至比起以前更加好了。

以恶治恶，不仅解决不了问题和矛盾，反而会加剧问题和矛盾。如果采用“忠恕”之道，以一种宽容和仁爱的胸怀来对待，用推己及人的方式去处理，不仅能改变相互仇视的局面，还能增进彼此间的友谊。尽管“忠恕”之道做起来是很难的，但如果去做了，并坚持去做，一定会有一个好的结果。

真正的“忠恕”之道，不怨天、不尤人，下学而上达。

行有不得，反求诸己

南怀瑾认为佛家讲修心，修的是自我心。修是修正、修行、去妄现真的意思。南怀瑾在一生的修行中，多次对学生说，人的修行在于修心，而“修心尽在独处时”。

元禅师以制作精美的佛像雕塑著称于世。有一天，一个小和尚来到元禅师的禅房时，发现自他五天前来观看以来，元禅师一直忙于同一尊罗汉像脸部的修饰，似乎没有丝毫进展，他感到非常奇怪。

望着诧异的小和尚，元禅师解释道："我在面部这个地方润了润色，使这儿变得更加光彩些，我在面部那个部位稍稍动了下，你看表情是否更柔和了些，还有嘴唇现在是否更有血肉的感觉，整个面部是否更显得有层次?"

小和尚不解地说道："但这些都是些琐碎之处，不大引人瞩目啊!"

元禅师回答道："你说的也许有一定的道理，但你要知道，正是这些细小之处使整个作品趋于完美。雕塑佛像如同我们参禅修道一样，要想真正地使人物有血有肉，必须从细微之处用心，于细微之处着力，时时刻刻注意提升塑像的神似度，这样才能渐入佳境，出神入化。"

元禅师这番话实在很有道理。古人说："文章做到极处，无有其他，只是恰好；人品做到极处，无有异他，只是本然。"人无论做什么事，都不能只从大处着眼，而应该从细微、琐碎之处入手，而这也是"修心尽在独处时"的真实含义。

生活中，很多人注重大的地方，不在乎小节，以为成大事不在于细小之处。另外，很多人也不注重挖掘自身的潜能，这些人未必没有才能和才华，却因为没有认识到修心的重要，获得的成就也就很小甚或没有。

慧海四处奔波寻找，到处拜师求取禅的真谛，以期成佛。最后，他听说马祖不仅是一位悟道的禅师，还是一位易于亲近的高僧和和蔼可亲的老师，就去江西拜马祖为师。

慧海千里迢迢到了江西后，身心疲惫，尽管有见到马祖的喜悦，但这么多天受的苦也在他的心中有了不浅的印记。

但马祖见到他时，二话没说，就安排他去休息了。几天之后，马祖见他的身体恢复过来，于是安排见面。

在一个空荡荡的佛堂里，慧海见到了马祖。马祖坐在木桌的后面，桌上放着几本书，一个香炉，一支香悠悠燃着，散发着沉沉的香气。慧海见后更加坚定了参禅的决心。正在他沉浸在这庄严的气氛中时，马祖发话了。

“你是从哪里来的？”

慧海答道：“我是从越州大云寺来的。”

“你这么老远跑到这儿来干什么呢？”

慧海回答说：“来求佛法呀！”

马祖指着空荡荡的佛堂说：“这里什么也没有，何来佛法？”说完，看着慧海，脸带微笑，面目慈祥。

慧海一时间不知所措，愣在那里。马祖看他仍未明白，就接着说：“佛法就在你自己的身上，你找我有用吗？”

“佛法在我身上？”

“是啊，你悟道了，自己就是佛。而能否悟道不在于跑来跑去拜师父，要自己真心开悟。”

慧海大悟，拜谢而回。

生活中，很多人把拜佛、敬佛流成了一种形式，其实，如果不是心中真正拜佛敬佛，形式上的拜和敬又有什么意义呢？另外，乞求佛祖保佑，不如积极发掘和依靠自己的力量。人自身的力量是无比巨大的，若是能将潜能发挥出来，会比任何有形的力量都能让人产生巨大的动力。

有一次，临济禅师参拜供奉达摩祖师的纪念塔。寺院中的住持听说是著名的临济禅师来拜塔，就早早地将塔前扫得干干净净的。临济禅师到了，住持热情地迎上去，和临济禅师一起拜塔。

来到塔前时，住持问临济禅师道：“大师是先拜佛祖释迦牟尼，还是先拜达摩祖师呢？”

“我既不拜佛祖，也不拜祖师。”

住持一听，觉得临济对佛祖、祖师太过不敬，便说道：“那你来这做什么？”

临济禅师知道住持没有领会到佛门真谛，就对住持不加理会，匆匆地看了一下塔，就转身而去了。

后来，这件事传到了临济禅师住持的寺院中，弟子们大惑不解，于是一个一个去问，每个人问的时候，其他人就在窗外偷听着。

一个弟子问："师父拜访达摩祖师的……"他话还没有说完，就听见师父一声大喝，只得把到了嘴边的话又咽到肚子里。师徒二人就这样沉默着。

一会儿，又一个弟子进去了，每次情景都很类似。最后只有一位弟子没进去。临济禅师敲着木鱼，安详地坐着不说话；弟子们也不敢发出声音，又不敢告别，心中翻江倒海地想。

最后，弟子们向临济禅师告辞，因为他们实在悟不出来什么道理。外边的弟子也是苦思冥想，就在这些弟子转身要走的时候，临济禅师让弟子们停下来，只缓缓地说了三个字："求诸己！"

屋内屋外的弟子们顿然大悟。

"求诸己"，就是求自己。如同每个人修心，是修自己的心。"求诸己"，指即不依赖他人，只有自己依靠自己，才是真正领悟了修心的意义。修心，需要有足够的时间来磨炼、考验，需要经历生活的沟沟坎坎，否则无法达到真正修心的境界。

一个小和尚想跟老和尚学书法，老和尚说："从'我'字练起吧!”并给小和尚提供了几个前辈和名家们的“我”字帖。

小和尚练了一个上午的“我”字之后，拣自己比较满意的一个“我”字，拿去让师父指点。老和尚斜了一眼说：“太潦草了，接着练。”

小和尚接着又练了一个星期，自己也记不清究竟练了多少个“我”字了，便又拣几个自己满意的字，拿去让师父看。老和尚随手翻了翻那几个字，一边背过身去一边轻声说：“太漂浮了，接着练。”

小和尚沉住气，接着练了半年，基本上能把前辈和名家们的几个“我”字临摹得惟妙惟肖了。

小和尚又拿去几个自认为写得好的字请教师父。老和尚静静地看了一阵那几个字，拍拍小和尚的肩膀说：“有长进，有出息，不过，还得接着练，因为你还没有掌握‘我’字的要领。”

受到肯定和鼓励之后，小和尚终于静下心来，揣摩着师父的教导，一遍遍、一天天地练下去。半年之后，小和尚来到师父面前。这次只拿来了一个“我”字，不过，这个“我”字不是泛写和临摹了，每个笔画都是异样的一种新写法。很显然，小和尚熟能生巧地练就并独创了一种书法新体。

老和尚终于满意地笑了，他意味深长地对小和尚说：“你终于写出了自己的‘我’，找到了‘自我’。”

西方哲人有一段话，世界上有一个人，离你最近也最远；世界上有一个人，与你最亲也最疏；世界上有一个人，你常常想起，也最容易忘记——这个人，就是我——你自己。这话说得太有哲理了。人修心中“我”字最难把握，所以，从某种意义上说，修心，才能认清自我，才能把握自我。

廉洁知耻，从心开始

南怀瑾认为人应把“廉洁知耻”作为一种生活态度，他认为人只有具有了“出淤泥而不染，濯清涟而不妖”的品质，才会有美玉无瑕的本真，才能对“富贵不能淫，贫贱不能移，威武不能屈”有进一步的认识。

中国古代圣贤之人对“廉耻观”极为重视，并有许多精辟的论述，成为古代廉政文化的重要组成部分。比如，西周以来的许多伟大的思想家都把“礼义廉耻”四个字作为人生修养的大纲，把人是否知廉知耻视为关系到道德是否高尚、国家能否生存的关键。

讲廉耻、懂自尊自爱是做人之本，古人说：万事德为道。廉耻就是修德的标志。为官讲廉耻，百姓权益才能得到保障；百姓讲廉耻，社会才能太平。古人把礼、义、廉、耻作为国之四维，“四维不张，国乃灭之”。

老子说：“反听之谓聪，内视之谓明，自胜之为强。”也就是说，人的天性会有贪图安乐，厌恶艰苦的地方；有喜欢轻松，厌恶劳作的倾向；有向往权势，厌恶清贫的思想。而所谓自胜，就是能克服这些自身的弱点，取仁取义，有所作为，做到“富贵不能淫，贫贱不能移，威武不能屈”。若能如此，就是君子了。

于谦是明朝的名臣，他刚正不阿，清正廉洁，在朝廷遭受危难的时候敢于挺身而出，力挽狂澜，虽被奸臣陷害而死，但朝廷为其平反后并建祠堂，谥号为“忠肃”。

于谦的所作所为显示了一种不浊于世的“廉与洁”——无论外人如何变节投降，我只为真正的信仰去权衡真伪，去选择方向，在摇曳的人生之舟上，坚持“守廉知耻”之道。

孟子说：“人不可无耻。”“耻之于人大矣。”廉耻观虽是个人的德行，但更关乎着社会的治乱、国家的兴衰。人提高修养，才能辨廉耻，心存敬畏，方能知廉耻。

据史书记载，春秋时期，晋国内乱，因为王室内部的权力争斗极为险恶，晋国公子重耳只得出逃。这一逃就是19年。在这19年中，重耳与他的一班忠臣到处流浪，风餐露宿，饥饱无常，尝尽了流亡生活的辛酸苦辣。

但是重耳始终怀抱“匡扶社稷”的大志，从未停止过对理想的追求。然而，当他为齐国的齐桓公所收留，并娶了恒公的女儿为妻，过上优裕安乐的生活之后，竟消磨了自己的锐气，无论他的大臣怎样劝谏乃至哀告，甚至于他的妻子的劝说，他都一律给骂回去。到了后来，他干脆宣布说：“人生安乐，孰知其他，必死于此不能去!”忠臣们无法，最后只好用酒把他灌醉，七手八脚把他抬上车子，离齐而去。重耳酒醒，四顾野原，看到身旁旧臣，终于醒悟，此后他重振雄心壮志，最终“卷土而来”，登位晋国，是为晋文公。

晋文公励精图治，锄强扶弱，六合诸侯，为春秋五霸之一。但他也有一段“人生安乐，孰知其他，必死于此不能去”的经历，最终，建立辉煌事业，知廉知耻，成为受人尊敬的人。

管子说：“何谓四维？一曰礼，二曰义，三曰廉，四曰耻。”现今，我们要知古鉴今，发扬廉洁知耻的古代优良作风。

东汉初年，著名将军铫期率部作战时，纪律严明，冲锋在前，为开创东汉王朝立下了汗马功劳。为此，东汉的光武皇帝刘秀封他为食邑五千户的安成侯，十分器重和信赖他。

但是，铫期并没有躺在功劳簿上过日子，而是勤劳奉公，处处以国家的利益为重。平时，他看到刘秀有什么不对，每每率直地当面进行劝阻，哪怕刘秀大怒，也毫不回避和迁就。在通常情况下，刘秀多是采纳铫期的意见，避免了很多错误的产生。

铫期有两个儿子，一个名叫铫丹，一个名叫铫统。尽管铫期对他们很怜爱，可是在生活上对他们的要求却很严格，从不让儿子们倚借侯门子弟的身份做出越轨的事。

铫期积劳成疾。老母亲望着病床上奄奄一息的儿子，又顾念到两个未成年的小孙子，便呜咽地跟铫期诉说，让他趁着还有口气的时候，跟刘秀提出由孩子承袭安成侯爵位的问题。

铫期睁开眼睛，缓慢而吃力地跟老母亲说："这些年来，自己受到国家如此深厚的恩待，但是自己给国家做的事却少得很。因而一想到这里，就觉得很羞惭。现在要死了，我正在抱恨今后不能再给国家出力了，哪里还能再为儿子们的荣华富贵伸手向国家讨要，让儿子们去承袭什么侯位呢？"他说着说着，慢慢地闭上了眼睛。

铫期这种“廉洁知耻”“以廉为荣、以贪为耻”的道德观念，在今天很有必要发扬光大。

三国时期的诸葛亮，也是一位一身清廉的人，他的一生“抚百姓，示官职，从权制，开诚心，布公道”，从而使蜀国境内“刑法虽峻而无怨者”。

“礼义廉耻”是传统道德信仰中精华的典范，可以律己，还可以作为人生座右铭，时时警醒自己。

很久以前，有位年轻人和他的舅舅结伴到各地去做买卖。

一次，他们来到一个地方，外甥在一户做买卖生意，舅舅于是继续前行，寻找新的买卖人家。舅舅先渡过河去，刚走不远，看到一间小茅屋，敲门进去一看，屋里有一个女人，还有一个小女孩。母女两人问商人什么事，商人说：“可有东西要卖？”女孩对妈妈说：“妈！咱们后屋有一只大盘子，很多年没用了，不管值多少钱，卖了总比搁在那儿好。如果能换一颗洁白的珍珠该多好啊！”

母亲想想也对，便走进后屋，一会儿拿出一只大的盘子，给商人看。商人用力刮了一下，立刻发现盘子是金的，这可是无价之宝啊。但商人并不想对这对母女说实话，因为如果告诉她们是金盘，就要花更多的钱收购。于是，他假装很不屑的样子，把盘子往桌上一放，说：“我以为是什么宝贝东西呢，原来是一只破盘子，别让这不值钱的破铜烂铁弄脏了我的手！”随后就离开了，心里盘算着，过一会儿再上门去，那对母女肯定不指望一个好价钱了，正好低价购入。

谁知，外甥也来到了这家，女孩见又来了一位年轻商人，再次向妈妈提出换珍珠的事。妈妈知道这是女儿的心愿，可她又不愿意再经历刚才那种令人尴尬的场面，便轻声对女儿说：“这个盘子不太值钱，还是算了，别换了。”女儿却说：“买就买，不买就算了，这不是什么难为情的事。”女孩没听母亲的话，将盘子拿给年轻人看。年轻人一看，告诉她们说：“这只盘子太值钱啦！这是用非常贵重的紫磨金制成的。我要拿我所有的货物和你们换，行不行？”

母亲很高兴地说：“当然好啦！”年轻人出去找到舅舅，借了两枚金币，又雇人把自己的货物运到女孩家。事后，舅舅看到外甥是换那只名贵的盘子，便对外甥说：“这只盘子你应压压价。”外甥却说：“舅舅，做生意与做人一样，要诚实，要有廉耻之心，不能搞欺瞒欺骗之事。”商人听后羞愧不已。

中国传统的廉耻观影响了一代又一代人。虽然在廉耻观上，古人与今人各有标准，但做人诚实、正直，不贪不义之财，更不可要诡计骗取别人的钱财，占别人的便宜这些观点是一脉相承的。人要行得正，要有正确的知廉知耻观念，能分清曲直好坏，加强廉耻观，筑牢拒腐防变的思想防线，把讲廉耻作为行动和自律的标尺，知廉明耻，崇廉弃耻，永保做人的高风亮节。

贪字当头，祸害无穷

南怀瑾认为人的贪欲是要不得的，因为有了贪欲，就会控制不住自己，会不择手段地得到他所想要的一切，甚至无恶不作。贪欲就像毒药，常饮它的人最终都得不到好下场。

《菜根谭》中写道："非分之福、无故之获，非造物之钓饵，即人世之机阱。此处着眼不高，鲜不堕彼术中矣。"意思是说，不是自己分内所应享受的幸福，无缘无故得到的意外之财，即使不是上天故意来诱惑你的钓饵，也必然是人间歹徒用来诈骗你的机关陷阱，所以，人如果控制不了自己的欲望，绝不会有好下场。

有一个故事：

古代有两个朋友一起外出，误入了一座人迹罕至的深山之中。正在走着，高个子突然发现："我们走到金山里来了。"

"金山?"矮个子奇怪地问。

"对，这里就是金山。"

"你怎么知道的?"

"看看你的脚下。"

听高个子这样一说，矮个子弯下腰去看自己的脚，才知道自己的脚真的踩在一块很大的金子上。

"我们变成富翁了!"他们俩兴奋得放声大叫，空旷的山谷里回荡着他们的声音："我—们—变—成—富—翁—了—"

他们激动得手都发抖了，立即拿出随身所带的口袋往里面放金块。不多会儿，各自装了满满一大袋金子，但是却没有办法将口袋扛起来。

"这该怎么办才好?"高个子问。

"办法很简单，"矮个子一边说一边把口袋里的金子倒出一半来："这样，我们就可以上路了。"

高个子有些犹豫，舍不得往外扔金子，而矮个子已经把口袋扛到肩上了。

矮个子对高个子说：“还考虑什么？快把口袋里的金子倒出一半来。”

高个子认为半袋太少，但满满一袋又实在扛不动，只好勉强倒出一点来。

“我先走了。”矮个子说完，迈步朝前走去。

高个子从口袋里虽倒出一点金子来，但仍然扛不动，折腾了好一阵子，最后只得倒掉半袋，才能凑合上肩，扛着出发。走了一段路，见矮个子坐在树荫下等他，于是也到那儿坐下歇息。

矮个子对高个子说：“怎么样，我早就跟你说要倒掉一半才背得动嘛。”

“你说得对。”高个子无可奈何地回答。

“就是这半口袋，我们也恐怕很难把其中的二分之一带出去。”

“为什么？”

“因为我们还要爬许多山，照目前这种速度，起码还要走四五天。我们的力气将越来越小，我们会觉得肩上扛的口袋越来越重。最后，我们会没有力气扛起这半袋金子。”矮个子又说。

“那怎么办？”

“我们只好再扔金子。”

“还要扔金子？”

“是的。还要扔金子，直到剩下我们所能带的那一点儿。”

“这样一来，我们只能得到一点点金子了。”

“凭良心说，也不算很少。”

“糟糕透了，拼着老命，最后才得到一点点金子。”

“即使是一点点，也能使我们变得很富裕了。”

尽管两个人的看法不同，但还是一致认为，不管怎么说，背着这半袋先往前走，以后的情况如何，到时再说。

他们又走了很久，两人都觉得肩上那半袋金子太沉，压得他们走不动了，只得再次坐下来休息。

“现在我们该怎么办？”高个子问。

“我早说过了，我们还须扔掉一些金子，按我们的力气来背。”矮个子回答。

高个子说：“我不扔，我要把这半袋金子统统扛回家去。”

“随你的便。”矮个子一边说一边扔掉一些金子，然后扛起口袋继续赶路。

高个子见矮个子扔金子，反而捡起来塞到自己的口袋里，然后十分费劲地把口袋扛上肩，气喘吁吁地跟在同伴的后边，艰难地挪动着步子。

“你看，我肩上的负担减轻了，走起路来比你轻松。”矮个子对高个子说。

高个子气喘吁吁地说：“我虽然比你费劲，但我的金子比你多，回到家里，我比你有钱，比你阔气，比你舒服。因为你只图眼前的轻松。”

“你理解错了。”矮个子说，“我不是个偷懒的人，也并非只顾眼前的轻松。我是一个讲究实际又知道满足的人，我不贪心。”

又走了一阵儿，高个子终于坚持不住了，叫嚷起来：“停一下，停一下，歇会儿，我实在走不动了。”

矮个子停住脚步，他也觉得又饿又累，需要休息一会儿。

“这东西越来越沉。”矮个子一边说着，一边又把自己的金子扔掉一些。

高个子见同伴扔金子，又赶紧把它们捡到自己的口袋里。矮个子见了，大笑起来，问：“你难道不想回家了吗？”

“那怎么可能？”高个子回答道。

“你真要想回家，为什么还要加重你的包袱？你这样做，一会儿会累倒在半路上，回不到家的。”

“我有把握能把金子背回家。”

“我明白，你有这个心，但无这个力。”

“不管你怎么说，我只要能把这些金子弄回家就行。”

就这样，他俩又继续上路。没走几步，又停下来，他们的确太累了。矮个子不停地扔掉金子，高个子却一块不漏地捡进自己的口袋，但他行走时已开始两腿打战，最终只觉得天旋地转，两眼一黑，摔倒在地上，断了气。

而矮个子虽然只拿了很少金子回到家，但没过几年，却发了大财。

这个故事描写了一些贪得无厌的人贪婪的心态，贪得无厌的人没有自己的是非底线和应有的原则：非分之想太多，对追求不义之财不设限制，最终，因为贪婪，给自身招致麻烦，甚至是灾祸。故事中的矮个子也有“贪”的心理，但他能约束自己，最终理智战胜欲望，没有成为金钱的奴隶。

古代四川的西部有个叫作蜀国的国家，土地肥沃、物产丰富，很是富庶。离它不远的秦国早就对这块富饶的土地垂涎三尺，想要把它划归自己所有。可是通往蜀国的道路非常险峻，有陡峭的悬崖绝壁和万丈深谷相隔，人若跌下去就会摔个粉身碎骨，秦国虎视眈眈，一时也拿它无可奈何。

蜀国的国君生性贪婪，总是大肆搜刮民间财富来满足自己对财富的贪欲，有时甚至不惜一切代价。秦国的国王秦惠王从派去探听消息的人口中得知了蜀王的“贪”，觉得有机可乘。苦苦思索了很久以后，终于想出了一条计策。

秦惠王命令工匠打造雕刻了一头巨大的石牛，在石牛的肚子里面放了好多金银绸缎，然后，放出消息说这头石牛会屙金子。

蜀国的探子把关于这头屙金子的石牛的奇闻告诉了蜀王，蜀王听了羡慕得不得了，暗想：要是我能有这么一头石牛，天天给我屙金子，那该有多好啊！正在这时候，秦国的使者来了，他向蜀王说，秦惠王为了表示秦蜀友好的诚意，决定把会屙金子的石牛送给蜀王。

蜀王大喜过望，他听使者说石牛的身形巨大，要从秦国运到蜀国来恐怕很不方便，便急忙说："这个不成问题，贵国国君既然肯把石牛送给我，我就想办法把它运到我国，请你们的国君放心好了。"

蜀王不顾大臣们的极力反对，在国内征调了大量民工，把悬崖挖开了，把深谷也填平了，为了能让石牛顺利到达，把通向蜀国的险径都修成了平坦之道，然后他派了五个大力士到秦国去迎接石牛。

贪心的蜀王哪里料得到，秦惠王早已派遣军队悄悄跟在石牛后面，随着石牛蜂拥而入，一举灭掉了蜀国。

古人说："人见利而不见害，鱼见食饵而不见钩。"在利益的诱惑面前，人一定要保持清醒和冷静的头脑，仔细权衡利弊，千万不可贪图小利，最终被利所害。

“千古一帝”秦始皇，横扫六国一统江山，天下财富皆归于他，如果按照老子的观点，他应当认真治理国家，保持谦虚精神。然而，这位始皇帝却偏偏让贪心控制了自己。为了满足自己的奢欲，他在首都附近大兴土木，建造阿房宫，修造骊山墓，所耗民夫竟达 70 万人以上。据记载，阿房宫的前殿东西宽达 700 多米，南北差不多 115 米。殿门用磁石砌成，目的是防止有人带兵器行刺秦始皇。除此以外，秦始皇还在咸阳周围建宫殿 270 多座，在关外建有行宫 400 多座，关内 300 多座。

修建这样庞大的工程，当然需要大量的劳力、物力、财力。据估算，当时服兵役的人数远远超过 200 万，占当时壮年男子人数的三分之一以上。庞大的工程开支加上庞大的军费开支，造成了“男子力耕，不足粮饱，女子纺织，不足衣服，竭天下之资财以奉其政”的悲惨局面，以致民不聊生，百姓们过着“衣牛马之衣，食犬口之食”的痛苦生活。最终，他的万世皇帝梦只维持了短短的 15 年。

不可一世的秦始皇最终因欲壑难填落得朝代更替的下场。

前事不忘，后事之师。“贪”确实是人的心理活动，但人要远离贪婪，克制自己内心的欲望，对“贪”设置底线，不能放纵难于填平的“欲壑”，这样才不会自取灭亡。

第三章

唯坚忍二字，为成功之要诀

再长的路，一步步也能走完

南怀瑾认为，任何成功都不是一蹴而就的。人无论做什么事，都要脚踏实地，一步一个脚印，既不能无的放矢，也不能为图快莽撞行事，当然也更不能过于纠结小利，斤斤计较，患得患失，否则便会欲速则不达，事倍功半。

有一天，一个商人冲虚尘大师发牢骚：

“我听了您的教诲后，对人诚信，但为什么顾客增多，收入却没增多呢?”

虚尘大师听后说：“有一棵苹果树，它接受了阳光、雨露、养料，春天开花，夏天结果，秋天成熟，但成熟的时候，并非所有的苹果都会一块儿成熟，因为有的朝阳，有的朝阴，所以你会看到有些苹果早已红透了，而有些苹果依旧青青待熟，而青青待熟之果并非不会成熟，只是受各种条件所限，时间没到而已。”

商人听后平静下来，他明白自己太急功近利了，于是他愉快地接受了大师的批评，并再三为自己的“鲁莽”行为向大师道歉，然后离开了寺院。

一年后，虚尘大师收到这位商人派人送来的一大笔捐赠，这位商人在信中说，自己的业务现今“很红火”，因此向大师致谢。

古往今来，功成名就者，有少年英雄，也有大器晚成者。这些人在成功路上都不是急功近利者，而是脚踏实地、坚定不移地朝自己的目标前进的人，他们在遇到困难时，也是矢志不移，不放弃，努力解决问题的人。

从前，洛阳有一个人，总想做官，却总没有遇到做官的机遇。时光如流水，几十年弹指一挥间。这个人眼看着自己头发变白，年岁变老，不禁黯然神伤。一天，他走在路上，竟痛哭流涕起来。

有人看见他这般模样，感到很奇怪，于是走上前问他说：“老先生，请问你为什么这么伤心呢？”

这个人回答说："我求官一辈子，却始终没有遇到过一次机会。眼看自己已经这样老了，依然是一身布衣，再也不可能有做官的机会，所以我伤心痛哭。"

问他的人又说："那么多求官的人都得到了官，为什么你却一次机会也没遇上呢?"

这个人回答说："我年轻时学的是文史，当我在这方面学有所成时出来求官，正好遇上当政者偏爱任用有经验的老年人。我等了好多年，一直等到喜好任用老年人的当政者去世后又出来求官，谁知继位的当政者却是个喜爱武士的人，我又一次怀才不遇。于是，我改变主意，弃文学武。等我学武有成时，那个重视武艺的当政者也去世了。现在继位的当政者是一位年轻的君主，他喜欢提拔年轻人做官，而我，如今早已不年轻了。我的几十年光阴转瞬即逝，我真是生不逢时，没有遇到一次做官的机会，这是命运对我不公啊!"说罢，他又哭了起来。

这个故事足以让我们警醒。一个人若不能脚踏实地、始终不渝地去努力，永远不会有成功的机会。所以，人如果朝三暮四、见异思迁，或一受到挫折就改变志向，终将一事无成。

很多人幻想甘甜的果实，却不愿付出艰苦的劳动；很多人盼望生命的辉煌，却不想经受磨难。然而生活的常态是付出才会有收获，所以，人为了有所成就，一定要按下浮躁的心，踏踏实实地去努力，敢于忍受寂寞、孤独，相信坚持才能胜利，世上没有“无用功”，不轻言放弃。

山海关城楼上有块牌匾，上书“天下第一关”五个雄浑大字，这块匾的来历是出于一则故事。

据说在明宪宗成化八年（公元 1472 年），镇守山海关的兵部主事，奉命邀请名手为山海关东门城楼题匾，书写“天下第一关”五个大字。应邀的名手很多，但写出来的字都跟巍然屹立的雄关不相称，很多匾挂在那三丈多高的城楼上，不是显得纤弱、轻浮，就是笔锋呆板或繁赘；有的字近看还可以，可远望就成了一块块糊在一起的“墨饼”。

这时，有人建议兵部主事请本地两榜进士、大书法家萧显写匾。兵部主事早就听说此人架子很大，从不轻易给人写字，连一副楹联都舍不得送人，可见其傲气十足。兵部主事本来下决心不找他写，可惜一时再无他人好求，只得带着厚礼去托萧显写匾。

萧显却提出条件说：“什么时候写好，什么时候送过去，千万不要催促。”兵部主事答应了这个条件，心想，反正五个字不多，一天写一个字，五天也就足够了。不料，20 天过去了，一个字也没送来。兵部主事就派人打探动静。被派去的衙役回报说，萧老先生还未动笔，每天都坐在书房里欣赏历代书法大家的真迹墨宝。

一转眼，20 天又过去了。兵部主事再次派人观察动静。这人回来说，萧老先生从早到晚都在背诵“飞流直下三千尺，疑是银河落九天”“来如雷霆收震怒，罢如江海凝青光”等诗句，仍然没有动笔的意思。

兵部主事压着火气又等了一个月。一天，他心里着急，就亲自探听消息。萧显的仆人说，“老先生近来弃文习武了，每天在后院练功。”兵部主事赶到后院一看：果然老爷子正侧着身子，拿根扁担，一头冲地比划，不像使枪，又不像弄棍。兵部主事一看，气得脸红筋暴，心想：“干脆，还是让你尝尝板子的滋味吧。”

他回到衙门以后，便差人把萧显抓了起来，兵部主事正想用刑，京里来人传话说，上边限他三日之内把匾写好，否则就问他的罪。兵部主事对萧老不住地请求。

萧显叹了一口气说：“蒂不落，瓜也难熟啊！我这么多天其实是在为写字做准备啊。”他让人用砖垒起一个垫台，把一丈八尺长的木匾靠在墙上；要求全衙的人一齐动手磨墨；又叫人将他特制的加上长柄的大笔拿来。然后，他在匾前来回踱步，时而双眉紧皱，时而轻松地朝匾上打量。像这样徘徊了很久，蓦地把决心下定，探笔墨缸，饱蘸浓汁，疾步来到匾前，一侧身，把胳膊伸直，就像前些日子背扁担练功那样，长笔杆贴在背上，屏气凝神地背笔写起来。

站在旁边的兵部主事不明所以。只见萧显在转瞬之间，仿佛年轻了几十岁，像一个少年将军使棍练刀，全身的气力一下子贯注到胳臂上，再由胳臂过渡到手腕上，直至笔端。直到他落笔、提笔、运笔、按笔依次做完，才说："献丑了！"

兵部主事再看萧显大汗淋漓地站到一旁，"天下第一关"五个大字早已落在匾上。此五个大字雄浑壮观，笔道似连又不连，粗细恰到好处，挂到城楼，气势磅礴。兵部主事终于明白前些日子萧显吟咏练武等不是为了消遣，原来奥妙是为了写此五字而练的"功"。

欲速则不达，功到自然成，很多事情是急不得的。人只有平日积蓄力量，功夫到了厚积薄发，才能有所成就，这是亘古不变的真理。所以，让我们多从练习做起，不断提高自己的水平，全面提升自己的素质，这样才能为以后的发展打下好基础。

老骥伏枥，志在千里

南怀瑾多次说，中国人向来都注重自己要有明确的志向，年轻时“人贵自立”，有所成就，“直待凌云始道高”。他还讲了曾子问孔子的故事。

曾子问孔子：“士不可以不弘毅，任重而道远，仁以为己任，不亦重乎？死而后已，不亦远乎？”即士不可不志向远大，意志坚强，因为他肩负重任，路途遥远，以实行仁道为己任，不是很重大吗？直到死才能罢休，不是很遥远吗？

任何人都有志向，不管是大是小，不管是长期要努力的方向还是尽快要实现的目标。志向如同灯盏，照亮人前行的路；志向如同航塔，指明人努力的方向。

古时候，有个人决定要到南海去，但他身无分文，也知路途遥远。但他没有被这些困难所困扰，他只有一个信念，一定要到南海去。于是，他上路，克服一个又一个困难，往南海的方向前行。

一次，他路过一个村庄，碰到一个有钱人。有钱人问他："你这是要去哪里？"

他回答："我要去南海！"

有钱人不由得哈哈大笑起来说："凭你也想到南海？我想到南海的念头已经有好几年了，但还一直没有准备充分。像你这样贫穷的人，在没到南海前就被累死或饿死了。还是趁早找个地方安稳度日吧！"

这个人不为所动，说："我一定要到南海。"

几年以后，当这个人从南海返回，再次路过那个村庄时，那个有钱人还在准备他的南海之行。

很多时候，很多人怀抱着灿烂而伟大的梦想，有各种各样的雄心壮志，但唯有立即行动，朝目标前行并持之以恒者，才有希望到达理想的彼岸。人的志向犹如逆水行舟，不进则退，唯有坚持不懈勇于克服困难的人，才能取得最后的胜利。

一个老和尚和他的徒弟迷失在幽深的峡谷中，他们在里面跋涉了三天四夜，依然没有走出深谷。

“师父，我恨死自己没有本事走出峡谷。我惧怕挫折，要是世上只有成功没有挫折该多好啊！”徒弟绝望地说。

老和尚说：“世上怎么可能只有成功没有挫折呢？没有挫折哪会有成功。就好比这峡谷与高山，没有这峡谷，哪来高山！”

“挫折的滋味太难受了，我现在甚至想终死在这无人谷算了。”徒弟叹息道。

老和尚感慨地说道：“你这么悲观，是因为你一直在低头走路啊！”

“师父，抬头走路就不绝望吗？”徒弟抬起头仰视天空问。

“你抬头看到了什么？”老和尚问。

“除了高山还是高山！”徒弟答。

老和尚笑了，说：“我每次遇险受挫，都是抬头走向成功的！”

最终，老和尚和徒弟走出了山谷。

人生道路是直线和曲线的辩证统一。一个人今天行走在直路上，明天就有可能走在弯路上。因而，人在遇到困难和身处逆境时，既不要茫然不知所措、灰心丧气，也不要因一时的挫折就轻言放弃。从某种意义上讲，有胸怀大志只是第一步，实现梦想必须努力争取，否则只是天方夜谭。

日本永平寺方丈北野禅师，毕生奉《金刚经》中的“无住生心”为圭臬，努力不懈，于“不执着于任何事物之上”禅修精进。

他在20岁行脚云游四方时，在路上曾遇见一位嗜烟的行人，当他们一同爬过山峰，来到宽阔的平原，准备在一棵大树下休憩时，那位行人从衣服口袋里取出了一些烟草，因为北野那时非常饥饿，所以他要了点儿，也抽了起来。

“这烟抽起来真香啊!”北野品评道。那人一听，又送他一整袋的烟草和一根烟管。

行人走后，北野独自想道：这样香味的东西固然好，但它可能会扰乱我的禅修，我应立即停止，以免积习太深，无法自拔。于是，他丢弃了那一整袋烟草和那一根烟管。

事隔三年，他开始研究《易经》。冬季来临了，一天时逢冬雪，天气酷寒，他急需要一些御寒的衣物，于是，他写了一封信，托一位旅人带给他数百里外的一位朋友。

整个冬季快要过去了，北野的朋友毫无音讯，既无鱼雁，亦无寒衣。一天，北野用《易经》占卜，想算算信是否送达，而易卦的结果竟是——“没有送达”。

不久之后，北野的朋友捎来一封信，信里果然没有提到信件和寒衣之事，北野觉得极不可思议。“如果我以《易经》作为我的职业，是否能名利双收呢？”但北野同时自忖，“也许这本身是个巧合，但如果我这样做了，必然会毁掉我的目标——禅修啊！”于是，他又放弃了这想法。

在北野28岁那年，一个偶然的机会，他爱上了中国书法和诗词吟诵，由于他努力，时常获得老师的赞许和鼓励，他的书法和诗词创作，受到人们所赞赏。然而，北野又放弃了，最终回到“修行”的路上。他说：“如果我不适时予以摒弃一次次的‘转弯’，也许我会成为一名占卜家、一位书法家或一位诗人而非禅师了，而此非我之本愿，所以，我放弃了！”从此，北野不再被他物所“引诱”，而是，立定目标，终于成为一位人人敬重的禅学大师。

北野深悟《金刚经》中主张的“若心有住，则为非住”，因此，他懂得“知非便舍”，最终朝着自己立定的目标前行。

人生不能没有志向，但不能常立志。没有志向的人，犹如枯萎的花、干涸的井，没有了生命的活力。有志向的人，就会有坚定的信念、不懈的追求，就会有缤纷绚丽的人生。但常立志的人，容易受诱惑，会迷失方向。所以，人只有执着追求、不懈奋斗，自己立下的“志”才有可能成为现实。

非凡成就来自“苦练”

南怀瑾认为，社会中，缺少的不是盖世奇才，缺少的是愿意全力以赴、努力拼搏的人。

宋代著名书画家米芾，从小练字，练了三年，但没有什么成就。

一天，一位进京赶考的秀才路过村里，米芾听说这位秀才写得一手好字，便跑去求教。秀才翻看了米芾临帖写的一大沓纸，对他说：“想跟我学写字，有个条件，得买我的纸。不过，贵点，五两纹银一张。”

米芾一听吓了一跳，心想：哪有这么贵的纸，这不是赚黑心钱吗？

秀才见他犹豫不决，就说：“嫌贵就算了！”米芾想了想，借来五两银子交给秀才。秀才递给他一张纸说：“回去好好写吧，三天后拿给我看。”

回到家，米芾捧着五两纹银买来的一张纸，左看右看，与自己平日练习写字的纸没有区别。他舍不得用这张纸，于是翻开字帖，用没蘸墨汁的笔在纸上临写，看着每个字的间架和笔锋，这样琢磨来琢磨去，竟入了迷。

三天后，秀才来了。见米芾坐在那里，手握着笔，望着字帖出神，纸上却一字未写，惊讶地问：“怎么没写字？”米芾一惊，如梦方醒，才想起三天期限已到，喃喃地说道：“我，我怕弄废了纸。”秀才哈哈大笑，用扇子指着纸说：“好了，琢磨了三天，写个字给我看看吧！”米芾提笔写了一个“永”字。

秀才拿过来一看，这个字写得大有进步，漂亮极了，问道：“为什么三年写不好，三天却能写好呢？”

米芾答道：“因为这张纸贵，我怕浪费了纸，不敢像先前那样信笔写来，而是先用心把字琢磨透了再写。”

“对！”秀才说：“学字不能只是动笔还要动心，不但要观其形，更要悟其神，心领神会，才能写好。现在你已经懂得写字的窍门了，我该走啦。”说着挥笔在写有“永”字的纸上添了七个字：“（永）志不忘，纹银五两。”又从怀里掏出那五两纹银还给米芾，便出门上路赶考去了。

米芾一直把这五两纹银放在案头，时刻铭记这位苦心教诲自己的启蒙老师，并激励自己勤学苦练，后来终于成为著名的画家和书法家。

可见，一个人要有所长进，必须多用心，勤动脑，不但要不断学知识，更要悟透知识精髓，时刻对知识心领神会，愿意付出心血的人。

张大千与齐白石相识后，两人有过多次交往，友谊甚深。齐白石比张大千要大 35 岁，且二人的经历、习惯、性格等大不相同，但他们对艺术事业的共同追求，把他们紧密地联系在了一起。张大千对齐白石踏实的作风非常佩服。

一次，张大千画了一幅《绿柳鸣蝉图》，送给号称“吉林三杰之一”的名画收藏家徐鼐霖。该画画了一只大蝉卧在柳枝上，蝉头朝下，作欲飞状，画出了蝉的神气与柳枝的飘摇，十分生动可爱。徐鼐霖得到此画后，很是珍爱，特意拿来找齐白石，想请齐白石在画上题首诗，以便将此画作为徐家的家传之宝，子孙永远藏之。

谁知齐白石细瞧了一番此画后，却说：“大千此画谬矣！蝉在柳枝上，其头永远应当是朝上的，绝对不能朝下。”

自然，这诗是题不成了，徐翿霖把画拿了回来，并把齐白石的意见给张大千讲了。

张大千当时听了，没说什么，但这事他一直记在心里。后来，抗战中他回到四川，住在青城山上时，有一年夏天中午，居处附近的蝉声聒噪得甚是厉害，张大千与其子心智，还有画家黄君璧，一块儿跑出去察看。只见几棵大树上，密密麻麻地趴满蝉，绝大多数蝉都是头朝上，只有少数的蝉头朝下，而附近几株柳条上的蝉，却均是千篇一律地头朝上。张大千这时想起齐白石老人的话，大为感佩，却还未完全明白这其中的道理。

抗战胜利后，张大千回到北平，遂去向齐白石请教这个问题。齐白石说：“画鸟虫，看似貌不起眼，但必须要有依据，多观察，方不致闹出笑话。拿蝉来说，因其头大身小，趴在树上，绝大多数是头在上身在下，这样可以站得牢。如果是在树干上，或者是在粗的树枝上，如槐树枝、梨树枝、枣树枝之类，蝉偶尔有头朝下者，也不足奇，因为这些树枝较粗，蝉即使是头朝下，也可以抓得很牢。但是，柳树枝就不同了，因其又细又飘柔，蝉攀附在上面，如果是头朝下身在上，它就会待不稳了。所以，我们画一张画，无论是山水人物还是花鸟虫兽，都必须进行观察，然后再动笔。这样，才能充分表现出所画对象的真实姿态和它们栩栩如生的气韵风格。否则，画出来的必然与现实不符，这就叫欺世不负责！大千先生，你说是不是这样呢?”

看，中国名画大师认真细致的敬业精神和踏实务实的作风，体现在各个方面。

庖丁解牛的故事大家都耳熟能详。

有一天，梁惠王走进厨房，看到一位厨师正在切割一头已经被宰杀的牛。

厨师的动作轻松自如，牛刀一进，哗的一声，骨肉就分离开了。梁惠王不禁点头赞许：“好极了，你的技术真是高超!”

厨师回答说：“这是经过多年的琢磨苦练出来的。刚开始，我看到的是一只只全牛，简直不知道从哪儿下刀才好。三年以后，在我的眼睛里就只有牛的骨缝空隙，再也看不到全牛了。现在，我用心神去指挥手的动作。我顺着牛体的组织结构，把刀子插进筋骨之间的缝隙中，自然地进刀。那些不容易切开的地方，比如，筋骨与筋肉聚结的地方，我的刀从来不去触及，更不要说那些大骨头了。好的厨师，一般是一年换一把刀，因为他们是用刀割肉，刀自然会钝的；蹩脚的厨师，很多是一个月换一把刀，因为他们是用刀去砍骨头的。我现在这把刀，已经用了十九年了，切割的牛少说也有几千头，然而刀锋还像是刚刚磨过的那样锋利。要知道，牛的骨节之间是有空隙的，刀却很薄，用薄刀伸进有空隙的骨缝中去，只要掌握得准确，就会感到宽宽绰绰，刀子有足够的活动余地。当然，话虽然这么说，但每次遇到筋骨交错的地方，我还会全神贯注，小心翼翼，准确地进刀，然后轻轻一动，牛肉便哗地一下子分解开来，像一摊泥土一样铺在地上。每到这种时候，我心里都特别高兴，看着自己的劳动成果像欣赏艺术品一样，然后把刀揩拭干净，好好地收藏起来。”

梁惠王听了厨师的这一番话，高兴地说：“你讲得真好！我从中悟出了不少道理。”

梁惠王悟出的道理就是，做任何事情都要投入全身心的精力，反复实践，了解事物的本质特性，掌握正确的规律，多做多练，就能熟能生巧，得心应手，收到事半功倍的效果。

我国现代著名诗人、散文家朱自清在创作上本着精益求精的思想，他强调对客观事物要有进行仔细的观察、深入的体味，全力以赴的精神。他在创作时观察细微、认真，达到了锱铢必较的地步。《荷塘月色》中有一句话：“这时最热闹的，要数树上的蝉声和水里的蛙声。”蝉声和蛙声是他从观察中得来的，是他的亲耳所闻。

文章发表后，有位姓陈的读者给他写了一封信，说“蝉夜晚是不叫的”。朱自清很是重视，马上问了很多人，都说蝉在夜晚是不叫的。他又请教昆虫学家、清华大学的刘崇乐教授。刘教授抄了一段有关生物学的书给他看，书上说蝉一般在夜里不叫，但也有叫的时候，该书的作者就亲耳听到过夜里蝉鸣。朱自清看后并没有用权威提供的材料去反驳读者，反而回信对该读者表示感谢，并说：“有位生物学家也说夜晚蝉不叫。以后再版，删掉月夜蝉声那句子。”

后来，朱自清留心观察，又不止一次地听到月夜蝉鸣。那位姓陈的读者收到朱自清的信后，在某刊物上发表文章，引经据典地强调自己的观点。朱自清看后写了篇《关于〈月夜蝉声〉》的短文，说明有时蝉确实是在月夜里叫的。他还在文中婉转地写道：“从以上所叙述的，可以知道观察之难。我们往往由常有的经验作概括的推论。例如，由有些夜晚蝉子不叫，推论到所有的夜晚蝉子都不叫。于是相信这种推论便是真理。其实是成见。这种成见，足以使我们无视新的不同的经验，或加以歪曲的解释。”

朱自清这种严谨的治学精神和谦逊的做人态度使他得到众多读

者的赞扬，也正是因为他这样的文风，才得以取得杰出的成绩。

人的一生中，想要做成一件事，太难了。尤其要做好，更难。唯有认真学习，苦练多练，方能成就一番事业。

见贤思齐，见不贤而内省

南怀瑾认为，中国自古以来就有君子重“慎独”的文化传统，比如，孔子非常重视反省自身，孔子说：“吾日三省吾身。”意思是：我每天多次反省自己，看看有无需要改正的缺点。他还强调“有过必改”，主张“过则勿惮改”“择其善者而从之，其不善者而改之”。他甚至欢迎别人指出自己的过错，并不以圣人自居，这正是“慎独”精神的最好体现。

孔子到陈国时，陈国的司寇批评孔子有偏私的心，孔子说：

“丘也幸，苟有过，人必知之。”意思是：我真的很幸运，如果有错，人们就会知道。看看孔子，“闻过则喜”已经不易，还把别人指出他的过错作为愉快之事，实在是圣人之举。孔子的反省可谓实心实意。

曾参作为孔子的弟子，也非常注重省察自己的道德修养与治学。他要求自己能够对社会、对朋友负责任，他努力求学，对知识的学习孜孜不倦。他也每日“三省吾身”，表现了他的反省精神。

古人认为省身最重要的是“慎独”，就是“独处，防心”。是指在独自活动无人监督的情况下，凭着高度自觉，按照一定的道德规范行事，而不做任何有违道德信念、做人原则之事。这是评定一个人道德水准的关键性环节。

在《后汉书》中，范晔记载过这样一则故事：

东汉的时候，有个叫杨震的人，因为饱读诗书，并且有着很高的品德和行止，所以被人称为“关西夫子”。那个时候，朝廷的权力大多掌握在外戚和宦官的手里，政治腐败，贪官污吏更是多如牛毛，可是身居高位的杨震却不同，他和他的家人每天都是粗茶淡饭，节衣缩食。有人曾劝他即使不为自己着想，也应该考虑一下家里的父母妻儿，可是杨震却对此一笑置之，继续他的为人处事的风格，“出淤泥而不染”!

在杨震做荆州刺史的时候，他的治域内有一个叫王密的人，很有才能，杨震发现后，便极力向朝廷举荐。后来朝廷下诏委任王密为昌邑县令，而王密因此也对杨震心存感激，并一直想找个机会报答这位恩公。

过了几年，朝廷因杨震为官期间奉公守法，政绩斐然，调任杨震为山东东莱太守。在赶赴上任的途中，杨震路过昌邑，便顺道想去看望一下王密。这回可让王密逮着个机会了，他一直以来都记挂杨震对他的恩德，于是就非常热情地招待了他。等到晚上夜深人静的时候，王密独自一人到杨震下榻的驿馆去拜望。两人互相寒暄一阵之后，王密从怀中掏出一个布包，对杨震说：“学生能有今天，全仗恩师栽培，这几十两黄金，不成敬意，还望恩师笑纳。”

杨震听完之后，感到十分惊讶，他面容严肃地说：“当初我之所以向朝廷推举你，是因为看你很有才学，也认为你很懂礼。但从今天这事看来，你并不了解我，还是赶紧收起来吧!”

王密以为杨震不收，是怕坏了名声，于是凑近杨震耳边低声说：“恩师尽管放心，现在天黑了，没有人会知道的，您就放心地收下吧。”

一听这话，杨震当时脸色就变了，斥责王密道：“你送黄金给我，自有天知、地知、你知、我知，怎么能说没有人知道呢？自古以来，君子慎独，意思就是说即使在独自一人的时候，仍然不去做于自己的良心有愧的事。我们怎么能以为没有人知道，就做出这违背道德的事呢？我希望你不要让我后悔我对你的推荐！”

王密顿时羞愧难当，急忙起身谢罪，收起黄金走了。据说经过这次的教训，王密后来也成了一名十分廉洁的官员。而因为“自有天知、地知、你知、我知”这句话，后来杨震就把自己的书房题名为“四知堂”，以示他对“慎独”的理解和力行，他本人也被后世人誉为“四知先生”。

古代圣贤之所以十分推崇“慎独”，就是强调人在独处的时候要“管好”自己的内心。否则，如果任私心滋长，那么欲望就会蠢蠢欲动，继而萌生邪念，最终做出有违道德的事来。慎独本质上也显示了“欲胜人者，必先自胜；欲论人者，必先自论；欲知人者，必先自知”的内涵。

南宋末年，天下大乱。当时，宋、金、蒙古三国各占一方，混战不休。老百姓为了逃避战火，纷纷离开故土，扶老携幼，四处逃难。

有一天，在金朝统治下的河阳县地界里，大道上走着一位十七八岁的小和尚。

小和尚一边走，一边望着路边荒芜的田野、破败无人的村庄，胸中涌出无限感慨，他想：如果战争再不停息，天下的百姓真是活不下去了。但愿菩萨能保佑一位英明的君主，统一天下，让老百姓重新安居乐业。这样想着，他加快了脚步，恨不能一步赶到目的地，以避免目睹这种悲惨的景象。

这时正是三伏天，炎炎烈日炙烤着大地，空中一丝风也没有。小和尚走得汗流浃背、口干舌燥，真想找个地方乘乘凉，喝上一肚子甘甜的泉水。

可这里刚刚经过战火，四周的人家跑得一干二净，哪里去找水喝呢？走着走着，他看到前面路边的大树下，有几个人正在那里乘凉。他急忙赶过去，希望能讨口水喝。走到近前，却发现是几位赶路的小商贩。一问，才知道他们身边带的水也喝光了，因为无处找水喝，正在那里唉声叹气。

小和尚在他们身边坐下，准备歇口气再走。

小和尚边喝水边休息，边听着旁边的人闲聊。

这时，远处跑来一个人，怀里捧着什么东西，边跑边大声喊着。商贩们都站起身来张望，原来那人是和这些人一起赶路的商贩，刚才独自出去找水。等他跑近，大家才发现他怀里捧着的，竟然是几个黄灿灿、水灵灵的大梨！

商贩们都欢呼起来，一齐跑过去抢梨吃。小和尚也走上去问道："这梨是从哪里买到的？"

"买？"那个商贩哈哈大笑起来，"这地方的人都跑到山上避兵灾去了，连个人影都没有，哪里去买？"

"是呀，那你是从哪儿弄来这好东西的？"商贩们边吃边好奇地问。

"我到那边村子里转了转，想找个人家，把水葫芦灌满。可是，别说是人，连个老鼠都找不着！水井也都被当兵的用土给填上了。我正在唉声叹气，忽然看见一家院子的墙头上露出一枝梨树枝，上面结着几颗馋人的大梨。这下子，我乐得差点晕过去，可是跑过去一看，这家的院门都用石块给堵上了，墙头也挺高。我顾不上这许多，费了好大劲，才翻进院子里，摘了这些梨。那树上的梨子还多得很，我们一起去多摘些，带着路上吃好不好？"

商贩们齐声说好，各自收拾东西，准备去摘梨。小和尚插嘴问道："你说村里的井都被填上了吗？"

"可不是嘛！当兵的看老百姓都跑光了，走的时候，就把井都填了，你甭想找到水喝。"

小和尚叹了口气，默默地转身走开了。商贩们奇怪地问道：

“小师父，你不和我们一起去摘梨吗?”

小和尚说：“梨树的主人不在，怎么能随便去摘呢?”

商贩们又笑起来，说：“你真是个呆和尚！这兵荒马乱的日子，哪里还有什么主人呢？再说，那树的主人没准已经被打死了呢。”

小和尚认真地答道：“梨树虽然无主，难道我们自己的心里也无主吗？不是自己的东西，我是绝不会去拿的。”说完，小和尚背起行囊，向商贩们拱手道了声别，就转身上了大路。

古话说：“内不欺己，外不欺人，上不欺天，下不欺地，君子所以慎独。”人最困难的事情就是认识自己。品德是人对自己的要求，不是做给别人看的。在没有人看见的时候遵守规则，保持良好的道德，是一个人获得成功的重要条件。

仁、义、礼、智、信是中国人的美德；欺、瞒、骗、拐、诈是被人唾弃的丑恶行径。不择手段地蒙骗别人，即使偶尔获利，也不会持久。所以说慎独是一种情操、一种修养、一种自律、一种坦荡。

人的一生其实也是一个不断自我改正的过程，“慎独”更是其中必经的一个阶段。

得其时，当其位

南怀瑾在《易经杂说》中说：“《易经》上告诉我们两个重点：‘时’与‘位’，即时间与空间。”像孟子说的“穷则独善其身，达则兼济天下”，这就是时与位的问题。还有老子对孔子所说：“君子乘时则驾，不得其时，则蓬莱以行。”时与位，简单地说，机会给你了，你就可以作为一番，时间不属于你，就不要吹牛不可一世。

生活中，抓住了“时”，就把握住了人生的机遇。当其“时”，做事就能事半功倍。当其“位”，即能做合适的事。如果不逢其“时”或不得其“位”都是有问题的，当然，当其“时”、处其“位”的前提一定是自身拥有一定的能力，如果你本身就没有任何的能力，那么，就算你处在合适的时间居于合适的位置，你的才能也未必能够体现出来，而此时的“时”与“位”对你来说并没有什么意义。所以，在我们想要发挥自身价值的时候，前提一定是自身拥有能够发挥价值的能力。人只有既具备了一定的能力，又能当其“时”处其“位”时，人的才华才能得到最好的发挥。

很多时候，人常常会抱怨自己生不逢时、怀才不遇，这其实就是一个不得其“时”、不得其“位”的问题。因为机遇对每个人都是平等的，只有你各方面的才能都具备了，当机遇来的时候，你才能很好地抓住它，发挥出自己的能力。而抱怨的人，大多是各方面的能力还不够，所以当机遇降临的时候未能及时地抓住或抓住也利用不了，这说明当其“时”当其“位”也不是件容易的事。我们来看一个例子：

岳飞是我国宋代著名的将领，他因积极抗击金国的侵略而名扬千古，后被秦桧因“莫须有”的罪名陷害。

岳飞能在后世留下英名，与其抗击金国侵略的行动，被宋高宗拜为抗金大将，并与金国大将金兀术大战，最后消灭金国军队有很大关系。岳飞正当准备率领岳家军直捣黄龙府的时候，宋高宗连下十二道金牌命他班师回朝，而回朝后被秦桧陷害，以“莫须有”的罪名死于风波亭，与他一起赴死的还有他的部将张贵和儿子岳云，岳飞的故事令一代代忠良贤臣感慨伤怀，又让一代代百姓至今怀念他当年的英雄事迹。

在有些人眼里，岳飞是生不得其“时”的，因为他生在昏庸的宋高宗时代，使他的抗金雄心付诸东流，最后悲愤而死。这也的确是事实，假如他能够遇上一个英明的君主，假如能让他无后顾之忧，直捣黄龙府，那么巍巍立于中国北边的金国，将有可能被一举歼灭，从而实现收复失地的愿望。可是，我们再仔细地想一想，事情又并不一定是这样的，岳飞也可以说是生得其“时”的，他从一个乡下的山野匹夫，经过武举考中武状元，是他的“得其时”；从一个籍籍无名的军中士兵被大将军宗泽看重而令他掌管军队，这是他的“得其时”；他被皇帝选为抗金主帅，也是他的“得其时”。他一路上升的仕途，正是他的“生得其时”。那么，岳飞又为什么会失败呢？这是因为靠他一已之力是改变不了封建统治阶级的性质的。

再来谈谈“位”。儒家思想强调“不在其位，不谋其政”，就是说如果你不是处在这个位置上，就不要去干预这个位置所应该做的事和所应该说的话。比如，如果你是下属，你就不能事事都显出一副高傲自得的表情；如果你是一家企业的老板，那么你就不能事事唯唯诺诺，自己拿不定主意。所以，我们要做到处在什么样的位置就应该做什么样的事，说什么样的话。例如，下面一个例子。

明代有一个非常有名的文臣兼武将，他的名字叫于谦。诗句“千凿万仞出深山，视死如归若等闲。粉身碎骨浑不怕，要留清白在人间”就是他的代表作，这首诗是于谦自身心理的写照，表明他视死如归、献身国家的精神。

在明英宗的时候，于谦位居兵部尚书。

明英宗正统年间，北方的瓦剌部入侵内地，他们是蒙古族的一支，其首领名叫也先，是一个残忍凶暴的人，他多次率领瓦剌军队侵略中原，烧杀抢掠，无恶不作，边境人民陷入水深火热之中。也先侵略的消息传入明英宗的耳中，但英宗却沉浸在欣赏歌舞，逍遥自得中。后来经太监王振的唆使，英宗决定御驾亲征。

于谦听到英宗要御驾亲征的消息，大为气愤，大骂王振误主，于是立刻入宫劝谏英宗，他对英宗说：“陛下，也先的瓦剌军只是癣疥之患，你只需派一名英勇善战的将领前去即可平定，何须陛下亲劳，况且陛下一身系全天下百姓之命，关系到社稷安危，岂可轻易犯险，愿陛下明察。”

英宗对于谦的话大不以为然，率领大军浩浩荡荡向北出发，在土木堡被也先军队伏击，全军覆没，王振死于乱军之中，英宗也被也先俘虏。

也先想用英宗做人质，威胁明朝就范。就给明朝廷写了一封信，收到这封信后，朝中百官都叹息不已，一个个认为只要能够赎回皇帝，什么要求都能答应，但于谦则不然，他立即面见皇太后，说也先胃口很大，见我朝中无君，想借英宗来趁机占领我京师，到时候社稷江山将会毁于敌手，希望皇太后下令，命成王即位为君，以打消也先的念头。

太后听了于谦的话，也觉得很有道理，于是，成王就即位为帝了，也就是历史上的景泰帝。景泰帝任命于谦为大将，主持京师的一切事宜，并加强京师城防，以抵御也先的进攻。

后来，也先见明朝廷已有准备，觉得无机可图，英宗在手里也没什么用了，于是就把英宗给放回来了。英宗回到朝中，见江山易主，便发动夺宫之变，又重新登上了帝位。英宗复辟后，对以前拥戴景泰帝即位的很多大臣实行了报复，首当其冲的就是于谦，于是他找了一个理由把于谦给抓起来，不久就处死了他。

于谦是一个很有名的历史人物，在这个事件中，于谦当其

“位”而做其事，实在不愧为一代忠臣。当英宗想要御驾亲征的时候，于谦冒死进谏，这是因为，他作为英宗的臣子，看到君王要做错事了，就要尽自己的职责去劝谏，这是“当其位而谋其事”；当英宗被俘，也先进逼京城，于谦身为大明王朝的臣子，不能眼看着国家灭亡，于是就对太后有了一番谏言，使国家转危为安，这也是他的“当其位而谋其事”。虽然最后他被英宗处斩于市，但他的功绩是不能被抹杀的，后人为了纪念他，为他立了祠堂。

“时”与“位”在中国传统文化中是很重要的内容，在生活中也是非常重要的，不得其“时”和不当其“位”的结果都只能是不成功的。所以，南怀瑾认为，做任何事情，一定要审时度势，在适当的时候，在恰当的位置，发挥自身的才能，这样才能得到良好的效果。

第四章

强学而力行，是为君子

不会解决问题，就会成为“问题”

南怀瑾在《论语别裁》中说：“中国文化对于人生最高修养的一个原则有四个字，就是乐天知命。乐天就是知道宇宙的法则，合于自然；知命就是知道生命的道理、生命的真谛，乃至自己生命的价值。这些都清楚了，就没什么可忧的了，也没有什么烦扰了。因为痛苦与烦恼、艰难、困阻、倒霉……都是生活中的一个个阶段；快乐、愉悦、幸福、得意也是。好的阶段会变，不好的阶段也会变，每个阶段都会变化的，因为天下没有不变的道理。就像一个事，到了某个阶段，它就变成另外的样子。就像上电梯，到某一层就有某一层的境界，它非变不可。人知道了一切万物非变不可的道理，便能随遇而安，便能乐天知命，故不忧。”

生活中，一方面充满着诱惑，另一方面也充满着压力。人对于诱惑，要有说“不”的心态，对于压力，要有“放下”的心态。而“乐天知命”从辩证角度形象地说明了如何处理“诱惑与压力”的问题。天下之事没有一成不变的，拥有宽广的胸怀，做到乐天知命，就会让生活充满更多的色彩。

有好多天了，慧能小和尚独坐寺内，闷闷不语。

师父看出了其中的玄机，也不语，一天，微笑着领着他走出寺门。

门外，是一片大好的春光。

师父不语，找了个地方，怀抱春光，打坐于万顷温暖的柔波里。

小和尚站在一旁，放眼望去，天地之间弥漫着清新，半绿的草芽，飞翔的小鸟，流动的小河。小和尚深深地吸了口气，偷窥师父，师父安详地打坐在山坡上，闭目喃言，看不出他的心思。

小和尚有些纳闷，不知师父的葫芦里到底卖的是什么药。

过了半天，师父才站立起来，仍是不说一句话，不打一个手势，又领着小和尚回到寺内。

进到寺门，师父突然跨前一步，轻掩上两扇木门，把小和尚关在寺门外。

小和尚不明白师父的意思，独自坐在门前台阶上，半天纳闷不语。天色暗了下来，雾气逐渐笼罩了四周的山冈、树林、小溪，周围渐渐变得不明朗起来。

这时，师父在门内朗声地叫他的名字，小和尚进去后，师父问："外边怎么样了呢？"

小和尚答："全黑了。"

"还有什么吗？"

"没什么了。"小和尚回答说。

"不，外边有清风、绿草、鲜花、小鸟，一切都还在。"

小和尚顿悟，他终于明白了师父的苦心，这些天笼罩在心头的阴霾一扫而空。

有一句话叫"境由心生"。很多时候，人的心情，并不是由客观环境优劣决定的，而是由自己对事物变换角度的看法决定的。

有个人特别爱发愁。他之所以发愁、忧虑，是因为觉得自己太瘦了；觉得自己不健康，害怕有什么"大病"；还很担忧自己的样子会给别人不好的印象；……终于有一天，他决定到九华山去散散心，希望换个环境能够对他有所帮助。

这人到了九华山后，觉得和在自己家里没什么两样，依旧烦闷、忧愁。于是，他找到庙中一位德高望重的住持，将自己的事完完整整地讲了一遍，然后说："师傅，您帮我看看，我到底得了什么病。"

住持听后，说道："你离自己的家300多里，但你并不觉得有什么不一样，这是因为，你的心在家与在这里是一样的。人除了生理上有病，如果精神也有病，就会生出诸多'不舒服'。现在你总认为自己'有毛病'是出于你对自己各种情况的想象。一个人心里想什么，他就会成为什么样子，这和在哪里没有关系。回家吧！只要改变心态，你就医好了自己的'病'。"

住持的话使这个人更加生气，因为他需要的是同情，而不是教训。那天晚上，他住在庙里。第二天，又与住持聊天，住持反复强调的是："能征服自己的人，强过能攻城占地。"

这人又住了几天，看到庙里的人都静静地做着平凡的事，他们似乎很快乐，并不认为琐事麻烦。他开始清楚而理智地思考，他决定改变心态，先快乐起来。谁知慢慢地他竟真的快乐起来。

第二天清早，他收拾好行囊回家去了。

人的一生，有的人活得很暗淡，但并不是因为他的生活中缺乏阳光，而是因为他自己消极的心态把所有朝向阳光的窗户紧紧关上了。有的人活得充实快乐，那是因为他不断寻找并开启心灵的窗户，让阳光进到灵魂深处。生命中最重要的是一个人如何看待不断变化的事物，不断变化的自己，看事物的眼光是一成不变还是视情况而变。

一个刚学射箭的人到镇里去买弓箭，进到店铺里面看见摆放的全部是各式弓箭，感到很新奇，便在店里东瞧西看起来。

店里的墙壁上挂着的几张弓都是上好弦的，每张弓都绷得紧紧的；而货架上摆放的那些弓却都未上弦，弓背就显得直一些。

店主看见这人对弓箭很感兴趣，便从货架上拿起一张弓，递到他手上，说："你仔细看一看，这都是好弓箭，价格也不贵。"

这人问道："这弓能把箭射多远？"

店主说道："力气大的人，能射出一百多米；力气小一些的，也能射出七八十米。用铁铸的箭，一下子可以射进树桩好几寸。"

这人把玩着手里的那张弓，爱不释手，决定买两张带回去，一张自己留着练臂力，另一张送给师父。他和店主谈好价钱后，让店主拿两张上好弦的弓，店主认真地说："这几张上了弦的弓挂在上面主要是做样品的，因为上好了弦后，弓都会绷得紧紧的，而长时间这样挂着，弓背和弓弦的效用就差了，射出去的力道就会减轻，发射时射不出多远。所以买弓应买那些没上弦的，若现用则可买现上弦的。”

这人说：“我买弓，也不是要用它射杀什么，就是为了练臂力，不必非得有实用价值。”

店主笑了笑，摘下墙上的几张弓，放在他面前，又拿出几张未上弦的弓，叫他随便挑。最后，这人要了一张未上弦的弓和一张上好了弦的弓。

回家后，这人在一个空旷的地方，用两张弓试着射了几箭。他发现真如店主所说，那张现上弦的弓，一箭射出了三十多丈；而先前上好了弦的那张弓，仅把箭射出了十几丈。店主没有欺瞒他。

生活中，看待事物不能仅看一面，也不能预想将来，担忧自己做不了。人要把眼光放长远，学会辩证地看事物，尤其是要以变化的、发展的眼光看事物。

生活快乐的人，一定是热爱生活和懂得欣赏生活的人。一个人有多少爱，就会享受到多少美妙的人生。生活理应是多姿多彩的，而敢于挑战自我、敢于尝试新鲜事物，会让自己品味到生活的多姿；而缺乏生气，甘于受生活摆布，消极颓废的人往往都是不敢挑战、不敢改变创新和缺乏安全感的人。人要快乐，必定要接受生活的挑战和压力带给自己的磨炼。很多人的生活缺乏色彩，缺乏生机；还有很多人对到来的变化和压力不适应，常感忧郁，这都是因为没有用积极乐观的心态去面对它们，心中有阳光，生活就会充满阳光。

一位满脸愁容的生意人来到自己小学老师的面前。

“老师，我急需您的帮助。虽然我很富有，但人人都对我友好，生活就像一个充满尔虞我诈的战场。”

“那你就离开战场呗！”老师回答他。

生意人对这样的回答感到无所适从，他带着失望离开了老师。在接下来的几个月里，他变得更身心俱疲了，他与身边的每一个人争吵、斗殴，结下了不少冤家。一年以后，他心力交瘁，感觉再也无力与人一争长短了。

他又一次来到老师家中。“哎，老师，现在我不想跟人家斗了。但是，生活却是如此沉重——像一副重重的担子压在身上喘不过气来。”

“那你就把担子卸掉呗！”老师回答他。

生意人对老师这样的回答很气愤，怒气冲冲地又走了。在接下来的一年中，他的生意遭遇到了更大的挫折，并最终破了产。妻子带着孩子离他而去，他变得一贫如洗、孤立无援，于是，他来到老师家，想再一次向老师讨教。

“老师，我现在已经两手空空，一无所有，生活里只剩下了悲伤。”

“那就甩掉悲伤呗！”老师淡淡地回答。

生意人似乎已经预料到会有这样的回答，这一次他既没有表现失望，也没有生气，而是选择住在老师家中。

有一天，他突然悲从中来，伤心地号啕大哭起来，而后几天，几个星期，乃至几个月地流泪。最后，他的眼泪都哭干了。

半年过去了，一天，他推开窗户，早晨温煦的阳光正普照着大地。他问老师说：“生活到底是什么呢？”

老师抬头看了看天，又看看他，回答道：“生活就是人生，过一天有得到有失去，不过一觉醒来又是新的一天，你看那每日照常升起照常落下的太阳！”

生意人告别了老师，他心中有了想法，从此他改变自己，一年后，开办了公司，慢慢地，又成了行业内一位受人尊敬的人。

生活到底是沉重的，还是轻松的？这全依赖于我们怎么去待它。生活中会遇到各种问题，如果你无法正确对待，就不能正确解决，从而不能解决的问题会越积越多，它们就会如影随形地伴随在你左右，成为你肩上的一副重重的担子。所以，对待生活，首先要有积极的态度；其次，要正确认识，懂得选择，学会放弃。一觉醒来又会是新的一天，就像太阳，不是每日都会照常升起吗？

解决问题是每日的功课，人千万不要因为出现问题而烦恼和忧愁，事物不会是一成不变的，分析问题，动动脑筋，解决问题，生活其实可以变得多姿多彩起来。

思己之过，思利及人

南怀瑾是名人，所以也是公众人物。南怀瑾认为，越是名人，越要起表率作用，如同古人所讲“正人先正己”，榜样的力量不可小觑。

中国有句古语，“勿以善小而不为，勿以恶小而为之”。意思是说不要因为小事而不去做，也不要认为事小而不屑于去做。有人说，生活无小事，小事非小事。即说明在平凡人生，平凡人大多做着平凡小事。

三国时的刘备在白帝城临危之时，留给他儿子这样的话：“朕初得疾，但下痢耳；后转生杂病，殆不自济。朕闻‘人年五十，不称夭寿’。今朕年六十有余，死复何恨？但以卿兄弟为念耳。勉之！勉之！勿以恶小而为之，勿以善小而不为。惟贤惟德，可以服人；卿父德薄，不足效也。卿与丞相从事，事之如父，勿怠！勿忘！卿兄弟更求闻达。至嘱！至嘱！”刘备的这段话成为“认真做小事，不放过小细节”的经典之语。

刘备生于乱世，出身低微，然而，他却能与曹操、孙权鼎足三立，这虽然取决于他的雄才伟略，也与他严格要求自己是密不可分的。他的一生，以“勿以恶小而为之，勿以善小而不为”来勉励自己，后又将之传与自己的儿子，可想，他对做小事的认真态度以及努力做好小事能成就大事的深刻理解。

曹操对小事也很重视。有一次出兵征讨张秀，率兵路过农民耕作的田地的时候，他的马不知道为什么突然大叫一声，发疯似的乱跑，结果把刚成熟的小麦糟蹋得不像样，因为曹操事先已下过军令，“有敢糟蹋农田的士兵，按军法处置”，现在自己违犯了纪律，该怎么办呢？有人说不就是踩坏农田了吗？比起打仗就是小事，但曹操毫不犹豫地抽出宝剑，想要自刎以谢罪，幸好被属下给拦了下来。他们说：“自古法不上于君王，丞相可以免罪。”但曹操说什么也不答应，最后割发代首，以示自己军令不可违抗。曹操小事不放过的做法，使他在军士面前树立了威信，士兵们再也不敢随便触犯军法了。

又比如开创贞观盛世的唐太宗李世民，也是一位能够注重小节，做小事认真的人。

太宗皇帝手下有一位叫党仁弘的将军，因为曾经跟随李世民南征北战，出生入死，战功卓著，所以受到李世民的器重。李世民做了皇帝以后，就封他做了广州都督。可谁知道，这位封疆大臣却恃功自傲，在做都督期间，干了很多违法的事，而且还贪污受贿，所受贿赂的财物高达几百万两白银。后来有人把他告到李世民那里，李世民于是就派大理寺去清查他的罪行，并依法判处他死罪。

事情虽然处理完了，可是李世民却是食不甘味，寝食难安，他想为什么一个开国功臣变成了贪官呢，他实在想不通。后来，他经过反复的思考，觉得这件事归根结底还是他的错，于是他就把几个心腹大臣叫到书房来，讨论一下事情的严重性。

尚书省左仆射房玄龄说："陛下贵为天子，切不可这样责备自己，不能因为他人一点小小的错误就贬低自己，那以后还要靠什么来维护自己的君王威信呢？如果陛下失去了威信，那么天下也就危险了。"

还有很多大臣都跟房玄龄一样，劝告太宗皇帝不要小题大做，事情既然过去了就让它过去吧。可是，太宗却说：“虽然这对我来说是小错，那也是错啊，自古以来，贤明的君主是很重视取信于天下的。我徇私枉法，已经被天下人耻笑了，如果还继续明知道自己的错误，却又没胆量承认，那岂不是更加会被天下人耻笑吗？身为君王，坐在高高的皇帝宝座上，如果有法不依，有错不认，这也是小事，那也是小事，还谈什么大事，又怎谈威信和统治天下呢？”最后，他毅然决定，在朝廷大殿之上当众宣布自己的罪状：“朕偏袒党仁弘，乱了国家法度，犯下大错，现在当众悔过，为了对自己表示惩戒，从明天起，朕要到京城南郊去坐席思过，谢罪三天，每天只吃一顿素餐，并将此事布告天下，让所有百姓都知道朕的过错，并以朕为戒。”随后颁下《罪己诏》。

刘备和李世民为什么都能秉承严于律己的作风呢？因为他们深知“千里之堤，溃于蚁穴”的道理。小小的错误看似不起眼，却可能会造成很严重的后果，就像如果我们对于自身的某些缺点或看似无关痛痒的小毛病不加以注意和改正，而放任其自由发展的话，那么它最终会给我们带来更大的灾难，小则身败名裂，大则招致亡国。

正人先正己，就是严于律己，就是要按照规矩来检点自己的言行和思想，“三省吾身”。

春秋晋国有一名叫李离的狱官，他在审理一件案子时，由于听从了下属的一面之词，致使一个人冤死。

真相大白后，李离准备以死赎罪。晋文公说：“官有贵贱，罚有轻重，况且这件案子主要错在下面的办事人员，又不是你的罪过。”李离说：“我平常没有跟下面的人说我们一起来当这个官，拿的俸禄也没有与下面的人一起分享。现在犯了错误，如果将责任推到下面的办事人员身上，我又怎么做得出来呢？”他拒绝听从晋文公的劝说，竟伏剑而死。

李离的做法虽未免有些偏激，但从中可以看出圣人君子对自己的要求之严苛。虽然我们不提倡这种过激的做法，但律己的精神是需要提倡的。因为只有律己的人才能保持正直的品性和清白的道德修养，在人生之路上走得更好。

有一个学僧元持在无德禅师座下参学，虽然精勤用功，但始终无法对禅法有所体悟，所以，有一次在晚参时，元持特别请示无德禅师道：“弟子进入丛林多年，一切仍然懵懂不知，空受信施供养，每日一无所悟，请老师慈悲指示，每天在修持、作务之外，还有什么是必修的课程？”

无德禅师回答道："你只要看管你的两只鹫、两只鹿、两只鹰，并且约束口中一条虫，同时，不断地斗一只熊和看护一个病人，就行了。"

元持不解地说道："老师！弟子孑然一身来此参学，身边并不曾带有什么鹫、鹿、鹰之类的动物，如何看管？更何况我想知道的是与参学有关的必修课程，与这些动物有什么关系呢？"

无德禅师含笑地道："我说的两只鹫，就是你时常要警戒自己的眼睛——非礼勿视；两只鹿，是你需要把持的双脚，使它不要走罪恶的道路——非礼勿行；两只鹰，是你的双手，要让它经常工作，尽自己的责任——非礼勿动。我说的一条虫那就是你的舌头，你应紧紧约束着——非礼勿言。而熊就是你的心，你要克制它的自私与个人主义——非礼勿想。病人，就是指你的身体，希望你不要让它陷于罪恶。这些在修行道上，实在是必不可少的必修课程。"

约束自己是提高修养的一个重要方面。人确实要努力做到非礼勿视、非礼勿行、非礼勿动、非礼勿言、非礼勿想。只有这样，才能不犯错误、少犯错误，有了错误，迅速改正。

一天，仪山禅师在洗澡的时候，因为水太热，便叫一个弟子提一桶冷水来。

那个弟子将提来的冷水倒进一些之后，顺手把剩下的就倒掉了。看到弟子如此行事，仪山禅师有些不悦地批评道："你怎么如此浪费？就是只剩一滴水，如果把它浇到花草树木上，不仅花草树木喜欢，水本身也会实现它的价值，而你却白白地浪费掉那么些水。"

那个弟子听后若有所悟，后来将自己的法名改为"滴水"，成为受人尊重的"滴水和尚"。

滴水不可忽视，细流也不可小看，流沙虽微不足道，但聚多可以成塔；人的腋毛虽少，但集腋亦可以成裘。百丈高楼从平地起。生活中，小事、小节不容忽略，当然，更不要不屑于做小事，人要肯于从一点一滴做起，并将之做好。

百尺竿头须进步，十方世界是全身

南怀瑾认为，人要有高的追求，才能取得杰出的成就。就像唐太宗所说："取法乎上，仅得其中；取法乎中，故得其下。"意思是说，做事要高标准严要求。其原本意思是指，最原本的东西才是最真实的，通过学习它才能得到最准确的妙悟。后衍生意义为，学习高超技法要学习原创才能妙悟其真实精髓。这也是"更上一层楼"的意义所在。

福建宁化人黄慎，少时跟同郡的一位老画家上官周先生学画，他学得认真，加上心灵手巧，经过一段时间后，就将上官周先生画花鸟、山水、楼台的艺术技巧与精神实质学到手了。

很多人看到他的画都称赞他已学到家了，但黄慎自己却觉得仍缺少了一点儿很要紧的东西，同时也不认为自己是个成名的画家。

有一天，他捧着先生上官周的名画在看，看着看着，他忽然叹起气来，说："吾师上官周先生技绝，我难以与老师争名啊！但一个有志气的少年应当自立。我黄慎岂能永居人后！"

从此，他像发了疯似的，忘了早晨与黄昏，忘了饱饿与冷热，好几个月都在思索着如何突破局限这个问题，但想了好久，就是找不到一条新的路。

上官周知道了学生的苦闷，就启发黄慎去多读多看。黄慎听了老师的话，书法学怀素，诗仿金元，画摹天池，开始博览百家作品。几个月后，他又开始作画，却觉得画中处处有别人的痕迹，还是闯不出一条自己的路。他眉不展，心不舒。

有一天，上官周忽然问黄慎："你读过张钦的诗吗?"

黄慎说："先生，学生读过了。"但过后想想：先生问我这话肯定有一番道理。于是，就又再细读张钦的诗，才知张钦诗中有画，所以诗的意境很美。他不禁问起自己来：黄慎黄慎，张钦诗中有画，你黄慎画中要不要有诗？一时他不能明确回答这个自己提出的疑问。

一天，他上街，在街上走着想着，想着走着，突然领悟到：上官周先生的画，张钦的诗，怀素的字，他们都有自己的艺术特色，但我黄慎的画却似乎找不到特色。他站在街中心，思索着，忽然他豁然开朗。他匆忙地跑进一个店铺中，向店老板借了纸与笔墨砚台，在店堂的案桌上面挥起画笔，画起他心中涌现出的美妙的东西。

黄慎这个举动，惊动了店里的老板，更招引得过路的人们进店堂来看个究竟，不久，店堂里外都站满了看画画的人。

黄慎好像没有看见似的，只专心致志地挥舞着他的画笔。直到画好了，笔一掷，忽然拍着案桌大叫起来："找到了！找到了！"

围观的人们听不懂这个画家的话，只望着他作的画，只见画面上笔墨不多，画的什么也看得不甚清楚，他们都以为这画家是发了疯呢。

黄慎这才发现许多人都围着看他的画。他向大家笑嘻嘻地挥挥手。围观的人们开始散去，说也奇怪，离开那一丈多远，再看那画面，寥寥草草的笔墨突然显现成几茎水仙，有的才长出，有的开着两朵鲜艳的花。那水仙与水仙花，充满着初生勃发的神态。大家越看越喜爱，异口同声地称赞："怪人怪画，就是怪，就是好！"

黄慎微笑着卷起画，向店老板道了谢，就从人缝中挤开一条路走了。

上官周先生后来看见学生黄慎的画技突飞猛进，喜不自胜，逢人就说：“吾门下有黄生，犹如王右军之后有个鲁公一样。”

“青出于蓝而胜于蓝，长江后浪推前浪。”一个人要想在事业上取得大的造诣，就不能甘于平庸，止步不前，要不断地创新发展，追求高远的志向，并为之踏踏实实，这样才能有大成就。

孔子说：“学，然后知不足。”人要追求“百尺竿头，更上一层楼”的境界，不能停留在自以为是、已有小成绩的“功劳”上不去继续努力。“独木不成林，单丝不成线”，人要想有发展，就要有高远的目标、学习的信念，这样才能取得更大的成就。

空谈误事，实干成事

南怀瑾认为，书本等于知识又不等于知识，等于智慧又不等于智慧，因为，人除了书本知识，还需要实践，这样才能掌握生活中的智慧，有效地指导自己的人生，服务于社会。

春秋时期，有一个叫王寿的人，他爱书成癖，家中藏书丰富，远近闻名。古时的书，多是人工抄写在竹片上，再以皮革连接装束起来。王寿为了有抄书的材料，就在自家房前房后种满了竹子，形成了一片竹林，并在门前的池塘里种了许多芦苇。他每天所有的时间除了吃饭睡觉都是用来借书、抄书和看书。他家除了院子和他住的地方外，其他屋子全部堆满了书。他每年不但要花许多时间把它们都搬出去晾晒一遍，免得被虫蛀蚀，还要翻检看看有没有脱落的文字，如有则及时补上。四十多年来，王寿孤身一人过着这种“自以为充实”的生活，并不觉麻烦，反而觉得有乐趣。

王寿母亲去世了，王寿要到东周奔丧。他随身带了五本书，准备途中抽空看看。

王寿已不年轻，五本竹简很重，结果只走了一会儿他就累得喘不过气来。他觉得有些走不动了，便坐在树下想休息休息，并习惯性地随手抽出一册书津津有味地读起来。

这时，有个叫徐冯的东周隐士路过，见他背这么多书，就问他：“敢问是王寿先生吗？”王寿很奇怪，就问：“你是谁？你怎么会认识我呢？”徐冯告诉他自己的名字，并说他因藏书而远近闻名。

王寿说了自己此行的目的，并说自己不怕负重，全为了在旅途中读书充实自己。

徐冯听了叹口气说：“无用。”

王寿一愣，呆呆地望着徐冯，不知他说的是什么意思。

徐冯拱了一揖，笑笑说：“书是记载知识的。知识又是由于人的勤奋思考而产生的，人有无学识并不是以藏书的多少来衡量的。你读书多本是优势，但不活学活用是没有意义的。你本是去奔丧，尽快去是正事，但现在却要背着这累人的东西，没有必要啊！”

王寿听了，如梦方醒，三拜徐冯，当场把书放到树下，自己轻身赶路去了。

人的智慧和才干不是靠“死读书”就能长进的，王寿的故事告诉我们，读书是为了更好地生活，成就事业，只有把知识真正悟透，转化成自己的能力，学以致用，知识才能为己所用。

李时珍是我国明代杰出的医药学家。他撰著的《本草纲目》是世界上影响最大、最早创造植物分类法、最早的一部内容丰富和考订详细的药物学著作，为世界医学领域的早期研究提供了重要的参考文献。在他的这部书里，集中反映了我国医药学家和劳动人民的卓越智慧，是我国科技史上极其辉煌的硕果，也是医学宝库中的一份极其珍贵的遗产。

李时珍小时候，身体瘦小虚弱，并曾染上肺结核，在父亲精心的调治下，才得以痊愈。后来，李时珍常和父亲一起到山中采药，认识了很多药材。从此，他对药物的研究也产生了兴趣。他勤学好问，每次随父亲去采药，总是对每一种药物的名称、功能、药性等问个清清楚楚。父亲也总是不厌其烦地有问必答。弄不懂的地方，父子俩便请教书本及当地劳动人民。

有一次，李时珍看到一本书上介绍一种白花蛇，这种蛇能治疗风痹、惊搐、癣癞等多种疾病，是一种很名贵的药材。但这种蛇牙齿锋利并有剧毒，爬行起来飞快，若被它咬中，必须立即截肢。李时珍问父亲："书上说这种蛇的肚皮上有二十四块斜方形的白色花纹，是真的吗?"父亲为了培养李时珍的严谨态度，并没有直接回答他的问题，而是说："我们这个地方，有的是白花蛇，你抓一条看看不就全知道了吗?"

第二天，李时珍一人上了他家附近的龙峰山，进行实地观察，并请捕蛇人帮助他抓了一条白花蛇，翻过来一看，果然肚皮上有二十四块斜方形的白色花纹，他非常高兴。他认识到要丰富知识必须亲身实践，从此他便经常到龙峰山观察白花蛇的生活习性。后来，他根据自己的观察写成了《白花蛇传》，并根据白花蛇祛风的特性，制成了专治中风、半身不遂的"白花蛇酒"。

很多时候，李时珍为了印证书上的说法，获得真知，总是不辞辛苦，踏遍家乡的山山水水。有一次，他看到药书上说有种叫曼陀罗花的药物，人食用以后，可手舞足蹈，严重的还会麻醉。他不知这种药物是什么样子，向许多人打听，但没有人知道，于是他便开始了寻找。他走遍很多地方的原野山谷，甚至到北京、南京、庐山、茅山等地，凡是药产丰富的地方，都留下了他的足迹，但他始终没有找到曼陀罗花。有一次，他问到几个山农，才知道曼陀罗花的俗名叫“山茄子”，武当山上有。当时，李时珍已年过半百，但他仍坚持跋山涉水来到武当山，在茅草丛中，终于发现了叶子像茄子叶、花像牵牛花的曼陀罗花。

正是因为李时珍一丝不苟的认真态度让他成为举世闻名的药学大家。人要在实践中锻炼成才，这是真理。因为书本知识虽是人们经验的总结，但毕竟有局限，所以陆游在告诉其子正确处理书本知识与实践经验关系时有两句著名的诗：纸上得来终觉浅，绝知此事要躬行。

战国时代，赵国有一员很有名的大将，名叫赵奢，他曾经多次击退秦国的进攻，把秦国的军队打得落花流水，从而受到赵王的赏识，加官晋爵位列公卿。

赵奢有个儿子，名叫赵括，从小就跟随其父学习兵法，各类兵法典籍都背得滚瓜烂熟、铭记于心，他经常和父亲谈论行军打仗的事，父亲有时候都说不过他。赵括慢慢认为自己很了不起，很有军事才能，于是连父亲都不放在眼里。但是知子莫若父，赵奢深知自己的儿子只拥有书本知识，没有实践经验，因此，他对儿子的“才干”并不认可。

赵括的母亲有一次问赵奢：“括儿的兵法学得如此熟练，人家都夸他是将门虎子，将来大有出息，你怎么也不鼓励鼓励他，反而，你经常一副苦瓜子脸，从不夸他。”赵奢叹了一口气，说：“古人云：兵者，国之大事也。带兵打仗是关系着国家人民的大事，不能视同儿戏，稍不注意，就会全军覆没。自己的生死倒不要紧，关键是整个国家的安危都在你手中，千万马虎不得。括儿只是读了一点书，懂了一点书本上的兵法，就以为可以天下无敌了。殊不知，纸上谈兵乃兵法之大忌。我现在就希望将来他不要去带兵打仗，如果他当了将军，一定会断送我赵国的未来的。”

秦赵长平之战的时候，赵括已经成年了，而赵奢已年迈。当时在长平率领赵军与秦军对峙的是老将廉颇。廉颇知道秦军有备而来，于是让军士们深沟高垒，坚守城池，并下军令严禁士兵出战。这样，秦军久攻不下，损失的将士不计其数，粮草也渐渐不支。而赵军一直不出战，高挂免战牌。战争持续了三年多，秦军渐渐改变了策略，派奸细前往赵国都城邯郸，散布谣言说：“廉颇年纪老了，畏惧秦国，躲在城中不敢出战。赵军中真是没人了，所以只能做缩头乌龟。”这话传到赵王的耳朵里，真不是滋味。

赵王深知廉颇的性格，如果此时让他进军，他肯定不会从命的。唯一的办法就是另外找一个将军代替他领军。那么谁比较适合呢？这时他想到了赵括，于是任命赵括为大将代替廉颇进攻秦军。

但就在任命的当场，赵奢来了，他对赵王说：“大王，廉颇乃是我赵国的支柱，如若撤换，后果将不堪设想。我儿赵括，虽从小熟读兵法，却没有行军打仗的经验，绝对不可以让他带兵。俗话说‘知子莫若父’，请求大王恩准臣的所奏。”

赵王听了却大不以为然，对赵奢说：“孤王深知赵括的才能，他是上天赐给我赵国的人才，虽然他没有行军打仗的经验，但孤王相信自己的眼光，他一定能够胜任主帅一职的。老将军不用再谏，孤王主意已定。”

赵奢无奈地说：“既然大王坚持要任括儿为帅，老臣也只好从命，但老臣请求大王能答应老臣的一个请求，赵括此次出征必然会大败而回，大王也必然会依法治罪，请大王念在老臣一生为国的份上，不要牵连我赵氏的其他人。”

赵王不以为然，轻轻地点了一下头。这样赵括就顺利地出征了。

赵括趾高气扬，一到长平，检阅军队完毕后，便轻易地改变了廉颇当初的战略，而对不服从他管辖的军士也随意地撤换，以致弄得军心不稳，怨声载道。

秦军知道自己的“反间计”成功了，于是就大举进攻长平。赵括不知深浅，轻易出战，结果中了秦军之计，全军覆没，自己单人逃跑了。

秦军占领长平后，大开杀戒，秦将白起更是将投降的数十万赵军活埋，肃杀的战场尽是满眼的尸骨，其惨况让人目不忍睹。

赵括逃回赵国后，赵王知道他全军覆没，于是大怒，并将他押入牢中等候问斩。赵王余怒未消，派兵前往赵奢府中，将府中数十口人押往大殿问罪。

赵奢双膝跪在赵王面前，诉说前事，并告诉赵王曾有言在先，希望赵王能免其全家一死。赵王只好答应了。就这样，当秋风飒飒，衰草连天之时，赵括一人被押赴刑场，面对着父亲，他怆然于心，觉得要是当初能听从父亲的话，也不至于落得如此下场。

这是赵括因为生搬硬套书本上的理论，“纸上谈兵”以至于全军覆没，而赵国从此一蹶不振，最终为秦所灭的历史典故。所以说，我们不能读死书，死读书，因为以这两种方式“读书”，读再多的书也没用。人不能只是空谈理论而忽视了实践，因为实践是检验真理的唯一标准，这无论对个人还是对国家都是非常重要的。

下学而上达，知我者其天乎

南怀瑾在《论语别裁》中说：“一个人不怕没有地位，最怕自己没有什么东西立得起来。这个‘立’就是根本，而‘根本’要建立，如何建立？拿道家的话来说：立德、立功、立言——古人认为三不朽的事业，都是‘立’为根本，而‘立’在一个一般人身上是指什么呢？是指真实的本领，出色的能力，只要有了这些，就不怕没有好的前程和发展。”

一个屡屡失意的年轻人千里迢迢来到普济寺，慕名寻到老僧释圆，沮丧地对他说："人生总不如意，活着也是苟且，有什么意思呢？"

释圆静静地听着年轻人的叹息和絮叨，听完后才吩咐小和尚说："施主远道而来，烧一壶温水送过来。"

不一会儿，小和尚送来了一壶温水，释圆抓了些茶叶放进杯子，然后用温水沏了，放在茶几上，微笑着请年轻人喝茶。杯子冒出些许的水汽，茶叶静静地漂浮着。年轻人不解地询问："宝刹怎么这么沏茶？"

释圆笑而不语。年轻人喝一口，摇摇头："一点茶香都没有。"

释圆说："这可是闽地名茶铁观音啊！"

年轻人又端起杯子喝，然后肯定地说："真的没有一丝茶香。"

释圆又吩咐小和尚："再去烧一壶沸水送过来。"

过了一会儿，小和尚提着一壶冒着浓浓白汽的沸水进来。释圆起身，又取过一个杯子，放茶叶，倒少部分沸水，放在茶几上。年轻人俯首看去，茶叶在杯子里上下沉浮，丝丝清香不绝如缕，望而生津。

年轻人欲去端杯，释圆作势挡开，又提起水壶注入一些沸水。茶叶翻腾得更厉害了，一缕更醇厚、更醉人的茶香袅袅升腾，在禅房中弥漫开来。释圆这样注了三次沸水，杯子终于满了，那绿绿的一杯茶水，端在手上清香扑鼻，入口沁人心脾。

释圆笑着说：“你可知道，同是铁观音，为什么茶味迥异吗?”

年轻人思忖着说：“一杯用温水，一杯用沸水，冲沏的水不同。”

释圆点头：“用水不同，茶叶的沉浮就不同。温水沏茶，茶叶轻浮水上，怎会散发清香？沸水沏茶，反复几次，茶叶沉沉浮浮，终于释放出四季的风韵：有春的幽静和夏的炽热，又有秋的丰盈和冬的清冽。人的才华也和沏茶是同一个道理。如果水温不够，想要沏出散发诱人香味的茶水也不可能啊。”

年轻人茅塞顿开，回去后刻苦学习，虚心向人求教，不久就引起了周围人的重视。

水沸腾了茶才会香，犹如功夫到了自然成。南怀瑾认为，如果你是千里马，就不要怕遇不上伯乐。人，一分耕耘，一分收获，历史上凡有建树的人，往往都是勤奋、努力的人，因为任何一项技能的获得，都是与勤奋和努力分不开的。一个人如果能力不足，想要处处得意，事事顺心，自然很难了。所以想要成功，让自己强大起来最有效的方法，就是努力去提高自己的能力。

人生在世一定要努力锻炼好自己的本领，当然这其中要历经生活的考验，这样终有一天你会脱颖而出的。

秦宓是三国时的蜀国人，当初刘备占领益州，自领益州牧后，他即被任命为祭酒，后来，刘备去世了，诸葛亮辅佐后主刘禅治理蜀中，秦宓仍然处在原来的位置上。看到与他一起的很多人纷纷升迁，他看在眼里，记在心里，却并不多说，只是终日饮酒为乐。

诸葛亮感到蜀国自刘备去世后，势单力薄，不足以抗衡曹魏，于是他就想与东吴结成联盟，共同抗击魏国。

一天，东吴孙权派遣谋事外交官张温来蜀中商谈联盟之事，诸葛亮十分高兴，摆下酒宴宴请张温。张温昂首而入，酒至半酣，就发起了“酒疯”，说：“向闻蜀中良俊极多，可有人愿意与温一谈？”

座中官员沉吟半晌，这时从旁边下坐中转出一人，欠身答道：“某愿一试。”

大家一看不是别人，正是秦宓，座中诸人顿时忍不住发笑。

有人就在张温耳边悄悄说道：“此人正是蜀中秦宓，因久未受提拔，终日以酒为事。”张温于是十分轻视他。

张温问：“君不知读何书？”

秦宓答：“三教九流无所不知，天文地理无所不晓。”

张温问：“君既知天文，请试以天问。天有头乎？”

秦宓答：“有头。头在西方，《诗》曰‘乃眷西顾’，故而知之。”

张温问：“天有耳乎。”

秦宓答：“有耳。《诗》曰‘鹤鸣九皋，声闻于天’，无耳何能闻。”

张温问：“天有脚乎？”

秦宓答：“有脚。《诗》曰‘天步艰难’，无脚何能步。”

张温问：“天有姓乎？”

秦宓答：“有姓。姓刘，天子姓刘，所以天姓刘。”

此时，张温实在没有办法接着问下去了，他觉得此人口若悬河，是一个不可多得的人才，于是就起来欠身说道：“不想蜀中才俊如此之多，温今日领教了。”

诸葛亮怕张温面上难看，于是打断了他的话，请张温继续欢饮，张温虽不再有问，心里却对秦宓生出许多好感。

后来，秦宓当上了蜀国的大司农，他的个人价值也得到了最大的实现和发挥。

孔子说：“下学而上达，知我者其天乎。”即只要自己努力学习，把握天命，就可以得到天的了解和承认；只要自己所做的一切都符合天命要求，就谁也否定不了；就可以任凭风浪起，稳坐钓鱼台，走自己的路，哪里还会为不为人知而恼怒呢？

古代有一个读书人参加科举考试时屡次碰壁，他觉得自己怀才不遇，为没有“伯乐”来赏识他这匹“千里马”而愤慨，他每每心灰意冷，甚至因伤心而绝望，总怀着极度的痛苦。

一天，他来到大海边，打算就此结束自己的生命。正当他即将被海水淹没的时候，一位老人救起他。老人问他为什么要走绝路。

他说：“我这么多年的辛苦都白费了，得不到别人和社会的承认，没有人欣赏我，我觉得人生没有意义。”

老人从脚下的沙滩上捡起一粒沙子，让年轻人看了看，随手扔在了地上。然后说：“请你把我刚才扔在地上的那粒沙子捡起来。”

“这根本不可能！”他低头看了一下说。

老人没有说话，从自己的口袋里掏出一颗晶莹剔透的珍珠，随手扔在了沙滩上。然后对年轻人说：“你能把这颗珍珠捡起来吗？”

“当然能！”

“那你就应该明白自己的境遇了吧？你要认识到，现在你自己还不是一颗珍珠，所以你不能苛求别人立即认可你。如果要得到别人的认可，你就要想办法使自己从沙子变成珍珠才行。”

读书人低头沉思，半晌无语，最后抬头正视老人说：“我一定会继续努力的，直到出人头地为止。”

现实生活中，很多人会有上面那个读书人的心态，愁眉苦脸的觉得自己有大的才能，却还处在较低的位置上，而造成这一切的都是因为社会的不公平或身边没有伯乐，他们整天想着自己怀才不遇，经常是怨天尤人或者抱着享乐人生的态度自甘沉沦。殊不知，当他们颓废的时候，一些并不如他们的人，经过自己的努力和奋斗，慢慢地积蓄了能量并超越了他们。而机遇总是垂青于积极努力有准备的人，成功者之所以有所成就，能享受到至尊的荣誉和财富，不是简简单单地靠伯乐、靠机遇成就的，而是靠自己的努力达到的。

人要正确认识自己，必须懂得山外有山、人外有人的道理，要想自己不做普通的沙砾，成长为价值连城的珍珠就要努力。而出人头地，必须有出类拔萃的“资本”才行。所以，我们在做任何事情的时候，都不要先想着结果怎么样，待遇如何。只有一心一意地想着当前你应该做好的事，努力地凭着自己的能力把事情做好，才能把自己的才华和能力发挥到最佳。一个真正有能力的人，眼光长远，意志坚定，不轻言放弃，能让自己的聪明才智得到充分的发挥，最终有出人头地的机会。

从前，有个年轻人，十分迷茫和彷徨，整天过着凑合的生活。村里人觉得他没有能耐，于是慢慢帮他的人也开始不帮他了，直到很多人看不起他。有一天，他感觉再也不能这样生活下去了，便去找村中一位长者，向他求教。

长者把他带到一处杂草丛生的乱石旁，指着一块石头说："明天开始，你把它拿到集市上去卖。即使一整天没人买，你也要坚持天天去，而且要记住，无论多少人出多少钱要买这块石头，你都不要卖。"

年轻人满腹狐疑，心想：这种石头满地都是，怎么会有人花钱买呢？但是他还是抱着石头来到集市内，在一个不起眼的地方蹲下来叫卖石头。

可是，那毕竟只是一块普通石头啊，根本没有人把它放在眼里。第一天过去了，第二天又过去了，无人问津；直到第三天，才有个人来询问；第四天，真的有人想要买这块石头了；第五天，那块石头已经能卖到一个很好的价钱了。

年轻人兴奋地向长者报告："想不到一块石头值那么多钱。"

长者笑笑说："明天拿到收藏市场上去，记住，无论人家出多少钱都不能卖。"

年轻人又把石头拿到收藏市场去。一天、两天过去了；第三天，有人围过来问；几天以后，问价的人越来越多，价格也已被抬得高出了黄铜的价格，而年轻人依然不卖；但越是这样，人们的好奇心就越大，石头的价格被抬得越来越高。

年轻人又去找长者，长者说："你再把石头拿到珠宝市场上去卖。记住，无论别人出多少钱，你都不能卖。"

年轻人把石头拿到珠宝市场，又出现了同样的情况。到最后，石头的价格已经炒得比珠宝的价格还要高。由于年轻人无论如何都不卖，这块石头更是被传为"稀世珍宝"。

对此，年轻人大惑不解，去请教长者。

长者说："世上人与物皆如此，如果你认定自己是块陋石，那么你可能永远只是一块陋石；如果你坚信自己是一块无价的宝石，那么你就是无价的宝石。"

年轻人从此开始振奋精神，他不再"混日子"，慢慢地竟成了村中的富户。

许多人一事无成，不仅是因为低估了自己的能力，也是因为心态消极，总认为自己"不行"；许多人感到不如他人，不仅是对自己妄自菲薄，也是自信力提升不够，以至于耽误了获取成就的时机。人自身有一个无穷的宝藏，如果自己不发掘，才华是显现不出的。所以，这个世上不缺千里马，也不缺少伯乐，只要你是千里马，终会遇到伯乐的。

第五章

淡泊以明志，宁静以致远

有一种雅量叫容人

南怀瑾在《论语别裁》中说："君子的胸怀永远是光风霁月；像春风吹拂，清爽舒适；像秋月挥洒，皎洁光华。"说明人内心要保持这样的境界，无论是得意的时候，还是艰难的时候，都要具有乐观上进的心理。但乐观不是盲目的乐观，而是自然的胸襟开朗，对人没有仇怨。上进是积极的进步，而不是为达某种私利而不择手段。

南怀瑾曾分析"君子与小人"的区别，他说，其中重要的一条，就是君子的人生态度是非常乐观的，而且心胸开朗，器量比海洋还大，比天空还要辽阔；而“小人”呢，则经常锱铢必较，以怨恨的心态对待别人，充满了恶毒的算计。

西汉的时候，袁盎是汉景帝时期的大官。以前，他在吴国做宰相的时候，府邸很大，而且妻妾很多。有一次，他的一个属下跟袁盎的小妾私通，被袁盎发现了，袁盎心里很不好受，但是，想了想还是忍耐下去了，他假装什么都不知道，也没有向别人泄露此事，对这位属下还是像以前一样的信任。

可是，这位属下却很害怕，自己跟上司的小妾私通，于理有悖常伦。他总觉得有点对不起袁盎，面子上过不去。于是，有一天他找了个机会偷偷地逃走了，袁盎发现后，亲自骑着快马追上去，诚恳地安慰了一下他，然后把自己的那个小妾送给了他。

没多久，七国之乱爆发了，吴国是叛乱的发起者，汉景帝积极备战。袁盎被景帝派往吴国游说。袁盎到了吴国后，当时的吴王刘濞知道袁盎很有才干，于是就想让他在自己的帐下效命，他把这个想法告诉了袁盎，可是袁盎坚决不答应。他认为自己是天子的使臣，怎么能与乱军为伍，于是，谢绝了吴王的好意。吴王听了袁盎的答复后很生气，即派了一队人马把袁盎的住所给团团包围起来，并把他抓住加以软禁，然后派人告诉他，只要他肯答应吴王的要求，就立刻放了他，否则只有死路一条。

有些时候，事情就是这么巧，从前那个与袁盎小妾私通的人，现在成了吴王的校尉，并被吴王派来负责看守袁盎，他一眼就认出了袁盎。一天夜晚，等士兵们都睡着了，他跑到袁盎被关的地方，把袁盎叫醒，对袁盎说："您快逃吧，吴王会杀了您的，我来为您引路。"

袁盎听了这话，简直不敢相信，还以为是吴王派人来试探他的，于是问："你是什么人？为什么要救我？"

这个人答道："您不用担心，我就是您以前的属下，曾经蒙您赏赐小妾的那个人。"

袁盎细细地看了一下，果然是他，由于怕连累他，说道："不行，你现在是有家室的人了，我要逃走了，岂不是要连累你，恕我不能从命。"

这个人着急地说："大人不用担心，您走了，我也会逃跑的，以免我的家人受到连累。您不必担心。"说完后，解开袁盎手中的脚镣，把袁盎带出了军营，到了一个安全的地方，两人才分手。袁盎安全地回到了朝廷。

袁盎做人有豁达的心胸，他不计较一时得失，最终"与人方便，于己方便”。这是“以德报怨”“善有善报”的一个典型例证。

宋朝有个很有名的学者写过一篇文章，文中有这么一段话：“人亦一器也，莫不各有其量，如天地之量，圣贤帝王之所效焉。山岳江海之量，公侯卿相之所则焉。古夷齐有容人之大量，孟夫子有浩然之气量，范文正有济世之德量，郭子仪有富量，诸葛武侯有智量，欧阳永叔有才量，吕蒙正有度量，赵子龙有胆量，李德裕有力量，此皆远大之器也。”这段内容写得多好啊！列举的君子都有豁达的容人之量。

那么，什么是容人之量呢？先来举一个反面的例子：

苏东坡的《河豚鱼说》讲了这样一个故事：南方的河里有一条豚鱼，游到一座桥下，撞在桥柱上。它不怪自己不小心，也不想绕过桥柱，反而生起气来，认为是桥柱撞了自己。它气得张开嘴，竖起颚旁的鳍，胀起肚子，漂在水面上，很长时间一动也不动。飞过的老鹰看见它，一把抓起来，把它的肚子撕裂。这条豚鱼就这样成了老鹰的食物。

苏东坡就此发表议论说：世上有在不应该发怒的时候发怒，结果遭到了不幸的人，就像这条豚鱼，“因游而触物，不知罪己”。豚鱼不去改正自己的错误，却“妄肆其忿”，最终

"磔腹而死"，真是可悲！

孔子说："一朝之愤，忘其身以及其亲，非惑欤?"言下之意是，如果因一时气愤不过，就胡作非为起来，这样做显然是很愚蠢的。

宋朝初年一位名叫高防的名将，他的父亲战死沙场，他十六岁时被澶州防御使张从恩收养，后来做了军中的判官。有一次，一个名叫段洪进的军校偷了公家的木头打家具，被人抓获。张从恩见有人在军队偷盗公物，不觉大怒。为严肃军纪，下令要处死段洪进以警众人。在情急之时为了活命的段洪进编造谎言，说是高防让他干的。本来这点事也不至于死罪，张从恩对其的处理有些过头，高防是准备为其说情减罪的，但现在自己被段洪进牵连进去，失去了说话的机会，还蒙上了不白之冤，高防十分气愤。

但高防转念一想，段洪进出此下策也是出于无奈，想到自己与张从恩的私交，应承下来虽然自己名誉受损，却能救下他的性命也是值得的。

所以，张从恩问高防此事是否属实时，高防就屈认了，结果段洪进果然免于一死，可张从恩从此不再信任高防，并把高防打发回了老家。

高防也不做任何解释，辞别恩人独自离开。直到年底，张从恩的下属彻底查清了事情的真相，才明白高防是为了救段洪进一命，代其受过。张从恩招回高防，更信任高防，又把他请回军营任职。云开雾散之后，高防不但没有丧失自己的生存空间，反而获得了更多人的尊重。

生活的经验告诉人们，不管什么理由，仇恨都是不提倡的。有人说，那就提倡宽容。不是这样。宽容并不意味着对恶人横行的迁就和退让，也非对自私自利的鼓励和纵容，真正的宽容是有其深厚的内涵的，更是一种为人的修养和美德。我们赞成是非要分明，提倡“己所不欲，勿施于人”的为人处世方法。人生中遇到爱恨情仇的事情会很多，如何面对，怎样解决，是非常重要的。

日本的梦窗禅师是一位出身高贵、名满天下、深受天皇尊崇的国师。

一次，梦窗国师从郊外回京都，在乘船渡河时，渡船已经开航，离开了河岸。这时，岸边急匆匆跑来一位武士，高声叫喊，让船家掉转船头，载他过河。渡船上所有的乘客都说，开航的船回头不吉利。船夫便对武士示意，请他耐心等待下一班渡船。

武士急得在码头上直跳，狂呼哀求不止。这时，一直默默静坐的梦窗国师双手合十，对乘客们说：“看样子，这个人真的有急事。我们大家出门在外，应该理解他的心情。好在刚刚开航，离开码头不远，请大家与他换位想一想，给他行一个方便吧！”

船夫常见梦窗国师，见他老人家说了话，就掉转船头，回去将武士载了上来。谁知，这个武士一跳上船，发现船上没了座位，便来到梦窗国师身边，毫无礼貌地呵斥道：“和尚，你的衣食都是我们供养的，赶快给我让座！”

梦窗国师听后，徐徐站立起来。心情浮躁的武士却嫌他行动缓慢，挥动皮鞭竟抽打在国师脸上。全船乘客都对这个无礼的家伙怒目相向，几个年轻小伙子摩拳擦掌地凑了过来，想要狠狠教训他一顿，却被梦窗国师微笑着制止了。渡船到达彼岸，梦窗国师若无其事地跟随大家下船，独自走到河边，默默用水清洗脸上的血迹。这时，武士从其他乘客口中得知，正是梦窗国师求情，自己才搭上了这一班渡船。他很为自己的恩将仇报而后悔，立刻跑去向梦窗国师道歉。

梦窗国师心平气和地说：“没什么。出门在外，大家的心情都很焦躁。这时候，需要的是互相理解。”说完，梦窗国师悠然而去。武士愈发羞愧难当，禅者的宽容风度、包容大量，令他无地自容。

古话说“宰相肚里能撑船”。一个人的容量、风度，与其修养、学问密切相关。面对别人的侮辱，能做到宽容大度、荣辱不惊，在生活中一定是个智者。

知进退，明得失

南怀瑾在《讲述生活与生存》一文中说：“人在‘上台与下台’之间，尽管修养很好，而真能做到淡泊的并不多。一旦处在了好的位置，看看他那个神气，马上就不同了。当然，‘人逢喜事精神爽’，也是人之常情，在所难免。如果‘上台’了，还是本色，并没有因此而高兴，这的确是种难得的修养。‘下台’时，朋友安慰他：‘这样好，可以休息休息。’他口中回答：‘是呀！我求之不得！’但这不一定是真话。事实上一个普通人并不容易做到安于‘下台’的程度。所以唐人诗说‘逢人都说休官好，林下何曾见一人’，这种情形，古今中外都是一样，不足为怪。不但中国，外国也是一样。”

南怀瑾这番话实际上讲明了中国传统文化中“荣辱”观的内容。人在进退之间，能做到“不喜不愠”，这是很重要的修养。在权位、名利之间，能做到对功名富贵如过眼云烟的人，是少之又少。很多人认为“上台”是对自己付出的肯定，于是一旦在“台上”，功名利禄哪个都不能少；而“下台”了，就灰心丧气，不甘心，发怨气，最终什么也不管了，即使需要做也不去做。

进退、“上台”“下台”，其实都是如何对待荣辱的问题。古人说：宠辱若惊，宠辱不惊。这体现了两种不同的人生态度，也反映了人们自身修养的高低和思想境界的不同。

《论语》记载：子张问：“令尹子文三仕为令尹，无喜色。三已之，无愠色。旧令尹之政，必以告新令尹。何如?”子曰：“忠矣。”

这段话是说楚国的令尹子文多次被楚王罢免，但未见他脸有愠色，又多次被起用，也没有见他有任何喜色。令尹子文在进与退、荣与辱之间，能做到如此淡定，孔子认为他有君子的风度啊。

当然，对于一般人来说，进与退、荣与辱的差别实在太大了。

进，就代表你获得了权力、地位和财富；退，则意味着你会失去这一切。荣代表你获得荣誉，受人尊重，辱代表自己处在困境，内心精神受到打击。大部分人都是欲望很强烈的，对于得失看得很重要，这一进一退怎不让人悲喜交加呢？

古时候有个人一生追求名利，终于做了当朝宰相，却终日烦恼缠身，于是就去寻求能够解脱烦恼的秘诀。

一天，他走到山脚下，看见生长着绿草的牧场有个牧羊人骑着马，嘴里吹着笛子，发出悠扬的韵调，非常逍遥自在。

于是他问这个牧羊人："你怎么过得这么快乐？能教给我怎么才能像你一样快乐、没有苦恼吗？"

牧羊人说："没什么，骑骑马，吹吹笛，就快乐了。"

这人试了试，却没什么效果，于是，他放弃了这个方法，又去继续寻求。

不久，他来到一座庙，看见一个老和尚在打坐修行。他深深地鞠了一个躬，向老和尚说明来意。

老和尚说："有人把你捆住了吗？"

他说："没有。"

老和尚又说："既然没人捆你，谈什么解脱呢？"

这人大悟，明白快乐要从内心寻找。

世间之人，往往在“进”和“荣”的时候太执着于名利富贵，所以才少了很多快乐。岂不知做人真的要有“退”的意识，因为名和利都是羁绊，你若太在意得失，哪能有所快乐呢？所以，只有修养自己的身心，实实在在地生活、踏踏实实地进取，才能做到进退、荣辱之间不喜不愠，才能寻找到人生路上的快乐之源。

当然，很多人功成名就之后，开始贪恋富贵，只有极少部分具有智慧的人，才能够正确对待富与贵。

名利是浮云，太过看重，只会负累我们的心。人甩开名利的束缚和羁绊，思想就会变得简单，就会少思少虑，心就会“快乐”，不会因进退而喜悲，不会因名利而忧虑，不会因财富而烦恼，做到笑看人生，还一个本色的自我。

最曼妙的风景是内心淡定

南怀瑾说：只要你的内心保持平静，就不会因为外在事物的影响而起伏不定、心绪烦躁。

《小窗幽记》中说："清闲无事，坐卧随心，虽粗衣淡饭，但觉一尘不淡；忧患缠身，繁扰奔忙，虽锦衣厚味，亦觉万状苦愁。"

这段话讲的是，人生要有一种宁静致远的追求，不为外物太过牵挂。喜欢坐就坐，喜欢躺就躺，随心所欲，在这种状态下，虽然穿的是粗衣，吃的是淡饭，但仍然会觉得心情平静；相反，那些患得患失，忧患和烦恼缠身的人，成天奔忙着一些为名为利之事，这些人虽然穿的是华丽的衣服，吃的是山珍海味，却会心不安定，睡不安稳，食之无味。

人有欲望，欲望不控制，就像无底洞，深不见底。所以，人只有始终保持一种从容淡定的心，平静地面对荣辱得失，做到得荣不喜，受辱不惧，才能不为世事所牵绊。生活中，多数人在荣辱之间要么得意忘形，要么失意失志，得之若惊，失之亦惊，在大喜大悲之间常常失了方寸，乱了阵脚，把持不住自己，让世事牵着自己，不能把持自我。

范进在突然降临的功名面前，压抑不住内心的狂喜，竟然疯了。这是我们熟知的“范进中举”的故事。今天，为了追求功名富贵的人依然不在少数。于是在这条路上，前仆后继地走着伤痕累累的追利逐权者。

从前有两个兄弟，家境十分贫寒。他们自幼失去父母，相依为命，以打柴为生。但他们从来都不抱怨，而是一天到晚忙个不停。生活中，哥哥照顾弟弟，弟弟心疼哥哥。生活虽然艰苦，但日子过得很舒心。

观世音菩萨得知他们的情况后，决心去帮他们一把。一天清早，兄弟俩还未起床，菩萨便来到了他们的梦中，对兄弟俩说：

“在远方有一座太阳山，山上满是黄灿灿的金子，你们可以前去拾取。不过一路上有很多艰难险阻，你们可要小心！另外，太阳山温度很高，你们只能在太阳未出来之前拾取黄金，否则，等到太阳出来了，你们就会被烧死。”菩萨说完就不见了。

兄弟二人从睡梦中醒来，很是兴奋。他们商量了一下，便启程赶往太阳山。太阳山上遍野都是黄金，照得他们眼睛都睁不开了。

哥哥从山上捡了几块较大的金子装在了口袋里，告诉弟弟准备下山。弟弟却不停地捡，捡了一块又一块，始终不肯罢手，不一会儿整个袋子都装满了。哥哥看到太阳快出来了，想起了菩萨的警告，说：“太阳快出来了，赶快回去吧！”弟弟却说：“我好不容易见到这么多金子，你就让我一次捡个够吧！”说完他又忘我地捡了起来。哥哥见劝之无效，就自己下山走了。

太阳出来了，太阳山的温度也在渐渐地升高。弟弟看到了太阳，急忙背着金子往回走，可是金子实在太重了，他的步履有些蹒跚，太阳越升越高，弟弟终于倒了下去，再也没有站起来。

哥哥回到家之后，用捡到的那几块金子作本钱，做起了生意，后来成了远近闻名的大富翁，可弟弟却永远留在了太阳山上。

世上最可怕的是贪欲无止境。故事中的弟弟就是因贪欲送了性命。人有欲望不是错，但欲望过盛，就会烦恼连连，自招痛苦，甚至引来灾祸。那么，如何避免这一最可怕的东西降临到我们的身上呢？那就是要掌控好自己的内心，不被贪欲蛊惑，在淡泊中求得快乐。

《世说新语》里，有这样一个故事：

有一天，王忱向自己的晚辈王恭要一个竹席，王恭把自己唯一的一个竹席送给了他。事后，王忱知道了，非常不安。但王恭却说："我对生活讲究简单，从来都是身无长物。"

好一个"身无长物"！现代社会，像王恭这样"身无长物"的人太少了。走在路上，人们总是留恋于那些高档的服饰、名牌的手表、珍贵的首饰，向往于富豪所住的别墅、大房子，为擦身而过的名贵跑车而羡慕不已。其实，我们忘记问问自己的内心：我们真的需要这么多东西吗？

诸葛亮逝世前，在给后主的一份奏章中对自己的财产、收入进行了申报：

"成都有桑八百株，薄田十五顷，子弟衣食，自有余饶。至于臣在外任，无别调度，随身衣食，悉仰于官，不别治生，以长尺寸。若死之日，不使内有余帛，外有盈财，以负陛下。"

诸葛亮去世后，其家中情形确如其奏章所言，可谓内无余帛，外无盈财。

诸葛亮病危时，留下遗嘱，要求把他的遗体安葬在汉中定军山，丧葬力求简单简朴，依山造坟，墓穴切不可求大，只要能容纳下一口棺木即可。入殓时，只着平时便服，不放任何陪葬品。

看看，这就是一代名相诸葛亮死后的最高要求，其高风亮节实为可圈可点。

南怀瑾曾说：“物质少有少的好处。”这句话源于他一段真实的经历。

有一天，一位信众送给他一份礼物，打开一看，是一套制作精美的茶壶，一共24把。在每一只壶身上都刻着《心经》，而且外表形状都不一样。显然，这套礼物价值不菲。但在南怀瑾看来，自己根本就用不了这么多的茶壶，平常喝茶只需要一把茶壶就足够了。于是他留下一把，其余的都退了回去。

生活就是这样，多了未必就好，少了也未必就差。也许物质少了些，欢喜就会多了些；吃穿少了些，情谊就会多了些。人只要内心充满了快乐，又何必在意物质的多寡呢？

诸恶莫做，众善奉行，自净其身

南怀瑾认为，中国道家思想讲究“无为，无不为”。他以为很对。他说，这种思想实际上是平常心的思想，人若保持一颗平常心，待人会更宽容，遇事会多往好处想，能够从心里坦然地接纳人。拥有一颗平常心，说起来容易，做起来很难。

庄子的《让王篇》讲述了这样一个故事：

楚国的一个屠夫叫屠羊说，他曾跟着楚昭王逃亡。在流浪途中，昭王的衣食住行都是他帮忙解决的。

后来，楚昭王复国，昭王派大臣去问屠羊说希望做什么官。

屠羊说答复道："楚王失去了他的故国，我也跟着失去了卖肉的摊位。现在楚王恢复了国土，我想恢复我的肉摊，除此，不要什么赏赐。"

昭王过意不去，再下命令，一定要屠羊说领赏。但是，屠羊说却说："这次楚国失败，不是我的过错，所以我没有请罪杀了我。现在复国了，也不是我的功劳，所以也不能领赏。我文武知识和本领都不行，只是因为逃难时偶然跟君王在一起，如果君王因为这件事要奖励我，就是一件违背政体的事，我不愿意天下人来讥笑楚国没有体制。"

昭王听了这番话，更觉得这个肉摊老板非等闲之辈，于是派了一个更大的官去请屠羊说来，并表示要任命他为三公。可是屠羊说死活不肯来，说："我很清楚，官做到三公已是到顶了，比我整天守着肉摊不知要高贵多少倍。那优厚的俸禄，比我靠杀几头羊赚点小钱，要丰厚多少倍。这是君王对我这无功之人的厚爱。我怎么可以因为自己贪图高官厚禄，使我的君主得一个滥行奖赏的恶名呢？因此，我绝对不能接受三公职位，我还是摆我的肉摊更心安理得。"

故事中的屠羊说确实是一个光明磊落的大丈夫，拥有一颗平常心，居功不自傲。

人在社会中，受各种环境的影响，内心滋生出各种情绪是很正常的事，像喜、怒、哀、乐，像功成名就或一事无成等，都会有不同的“心态”。尽管拥有平常心的益处谁都知道，但施行起来却不容易。

元和十五年，大诗人白居易出任杭州刺史。白居易对禅宗非常推崇，听说高僧鸟窠住在秦望山上，非常高兴，就决定上山探问禅法。

白居易上得山来，望着依山悬空中的草舍，十分紧张，关心地对禅师说：“您的住处很危险啊！”

鸟窠禅师却说：“我看大人的住处更危险。”

白居易不解地问：“我身为要员，镇守江山，受皇帝重用，有什么危险可言？”

鸟窠禅师答说：“我看您的欲望之火熊熊燃烧，在此说一句，人生无常，尘世如同火宅，你陷入而不能自拔，怎么不危险呢？”

的确，当时白居易的处境真是危机四伏，他正是因为被贬职从京城来到杭州的。

白居易似乎有些领悟，转个话题又问道：“什么是佛法大意？”

禅师答道：“诸恶莫做，众善奉行！”

白居易本以为禅师会开示自己深奥的道理，没想到却是如此平常的话，于是失望地说：“这是三岁孩子也知道的道理呀！”

禅师说：“三岁孩子知道，八十老翁不得啊。”

白居易心头豁然开朗。是啊，人倘若以一颗平常心秉持正道，诸恶莫做，众善奉行，为人才能坦然自若。此后，白居易洁身自好，官位复原后，牢记此两句话，留下了清官的好名声。

人有一颗平常心，处世会更理智。如果情绪浮躁，很难把握自我，一旦走错一步，容易陷入恶性循环，导致步步错，令人追悔莫及。

传说鉴真大师刚入僧门时，寺里的住持让他做个谁都不愿做的行脚僧。

每天，他都很勤奋地做着住持交给他的工作。两年的时间，他每天如此，从来没有一次让住持对他的工作觉得不满的。可是他一直想不明白：为什么别人都在做着很轻松的活，而他却一直做着寺里最苦最累的工作，而且一做就是两年这么长的时间？

鉴真认为自己很委屈，觉得住持分配得一点都不公平。

有一天，日上三竿了，鉴真大睡不起。住持很奇怪，推开鉴真的房门，只见床边堆了一大堆破破烂烂的瓦鞋，于是叫醒鉴真问：“你今天不外出化缘，堆这么一堆破瓦鞋干什么？”

鉴真打了个哈欠说："别人一年都穿不破一双瓦鞋；我刚剃度两年多，就穿烂了这么多的鞋子。"

住持笑了："昨天夜里刚落了一场雨，你随我到寺前的路上走走吧。"

寺前是一座黄土坡，由于刚下过雨，路面泥泞不堪。

住持说："你是愿意做一天和尚撞一天钟，还是想做一个能光大佛法的名僧？"

鉴真说："当然想做光大佛法的名僧。"

住持问："你昨天是否在这条路上走过？"

鉴真说："当然。"

住持问："你能找到自己昨天行走的脚印吗？"

鉴真不解地说："我每天都走路，哪里能找到前一天的脚印？"

住持说："今天如果晚上再在这路上走一趟，你能找到你已走过的脚印吗？"

鉴真说："当然能了。"

住持没有再说话，只是看着鉴真。

鉴真愣了一下，低头说："找不到。"

脚印如同时间，过去的是找不回来的，但每天工作，即使重复着同样的事情，也应该把它做好，因为这是战胜自我的新的一天。

平常心是一种高尚的精神信仰追求，平常心并不是天生的，而是逐渐练就的。那些计较得失，让自己陷在争、抢、夺的情绪中的人，是不会有平常心的。不以物喜，不以己悲，是一种平常心；待人宽容，对己严格，是一种平常心；胜不骄，败不馁，是一种平常心。千人千心，百人百态，平常心因不同的人散发着不同的光芒。所以，我们必须记住，让自己有平常心很重要，保持一颗平常心更重要。

在这个世界上有很多不尽如人意之事，但是，只要培养自己有一颗平常心，磨炼自己的平常心意识，就能慢慢做到不计较、不悲喜，行光明磊落之事，那么，即使是在不尽如人意的事情中也能发现美丽的世界。

善不是学问，而是行动

南怀瑾多次引用管子言：“善人者，人亦善之。”他说善良是中华民族的传统美德之一。人只有从善良的愿望出发，才能多考虑别人的需求，真诚地帮助别人，减少不必要的矛盾，达到和谐和睦的共融。

古话说：积德虽无人见，行善自有天知。每个人的心里都有善良的种子，培养长大，就会懂得尊重，懂得付出，感受到生活的美好。

春秋时期，齐相晏婴出使晋国，遇到一个饥寒交迫的人。经过询问，他得知这个人叫越石父，是个齐国人，卖身为奴已经三年了。晏婴见他谈吐不凡，是一个有修养的君子，就把他赎买下来，与他一起坐车回国。

回到相府，晏子没跟越石父告辞就进了自己的房门。越石父很生气，要与晏子绝交。

晏子派人传话说："我不曾与你结交，谈何绝交？你当了三年奴仆，我今天看见了才把你赎买回来，我对待你还算可以吧？你怎么可以恩将仇报？说什么绝交？"

越石父说："我听说，贤士在不了解自己的人面前会蒙受委屈，在了解自己的人面前会心情舒畅。因此，君子不因为对人家有恩而轻视人家，也不因为人家对自己有恩而贬低自己。我给人家当了三年奴仆，却没有人理解我。现在您把我赎买回来，我认为你理解我了。先前您坐车，不同我打招呼。我以为您是一时疏忽了。现在您又不向我告辞就直接进入屋门，这同把我看作奴仆是一样的。既然我还是奴仆的地位，就请再把我卖到社会上去吧！"

晏子听了越石父的话，走出来，请求和越石父见礼。晏子说："以前我只看到了您的外在，现在理解了您的内心。我可以向您道歉，您能不离开我吗？我诚心改正自己错误的行为。”

晏子命人洒扫厅堂，向越石父敬酒，以礼相待。越石父说：“先生以礼待我，我实在不敢当啊。”晏子从此把越石父奉为上宾。而越石父后来帮助晏子做了很多事情。

古代贤哲说：“人家帮我，永志不忘，我帮人家，莫记心上。”《寓圃杂记》中有一篇记述了杨翥与邻居和睦相处的故事：

杨翥的邻居丢失了一只鸡，指骂说是被杨家偷去了。杨家人气愤不过，把此事告诉了杨翥，想请他去找邻居理论。可杨翥却说：“此处又不是我们一家姓杨，怎知是骂的我们，随他骂去吧！”

还有一邻居，每当下雨时，便把自己家院子中的积水扫到杨翥家去，使杨翥家如同发水一般，遭受水灾之苦。家人告诉杨翥，他却劝家人道：“总是下雨的时候少，晴天的时候多。”

久而久之，邻居们都被杨翥的善良、宽容、忍让所感动，纷纷到他家请罪。有一年，一伙贼人密谋欲抢杨翥家的财产，邻居们得知此事后，主动组织起来帮杨家守夜防贼，使杨家免去了这场灾难。

善良是一种善行，有人说：存好心、说好话、行好事、做好人，就是善良。这其实只是善良的一方面。善良是对生命的感恩，人生路上，以善良之心对待生命的际遇，生活就会处处阳光灿烂。

春秋五霸之一的晋文公重耳，是懂得以团结之道感化人心的明君。他未登基之前，由于遭到其弟夷吾的追杀，只好到处流浪。有一天，他和随从经过一片土地，因为粮食已吃完，他们便向田中的一位农夫讨些粮食，可农夫却捧了一捧土给他们。

面对农夫的戏弄，重耳不禁大怒，要打农夫。他的随从狐偃马上阻止了他，对他说："主君，这泥土代表大地，这正表示你即将要称王了，是一个吉兆啊！"

重耳一听，平息了怒气，还恭敬地将泥土收好。狐偃宽宏大量，用智慧化解了一场难堪，这是一种善良、一种境界、一种智慧。

生活中有很多事情，只要能够做到忍一忍、退一退，便能"海阔天空"，这是于人于己都很有好处的事，是一种方便自己、方便他人共赢的事，也是一种美德、一种风范、一种高尚的境界、一种无私的胸怀。

尘缘大师非常喜爱兰花，在平日诵经健身之余，他花费了许多的时间来栽种和欣赏兰花。

有一年夏天，他要外出云游一段时间，临行前交代小和尚："徒儿，好好帮我照顾这几盆珍贵的兰花。"

在那段期间，小和尚总是细心照顾兰花。但有一天，小和尚在给兰花浇水时，却不小心将兰花架碰倒了，所有的兰花盆都跌碎了，兰花掉了一地。

小和尚非常恐慌和难过，打算等尘缘大师回来后，向他道歉。“师父会惩罚我的，要知道兰花可是他最心爱的东西呀!”

尘缘大师回来了，很快知道了事情的经过。他不但没有责怪小和尚，反而安慰他说：“我种兰花，一来是观赏消遣，美化环境；二来是用它陶冶情操，不是为了生气而种兰花的。”

“赠人玫瑰，手有余香。”善良之心让人心灵美。善良是人生宝贵的财富。种下善良，收获感动。保持善良之心，需要良好的修养、高尚的情怀，否则是做不到的。

心净才能心静

南怀瑾认为，“心干净，人就干净”。他说，人在生活中应该有正义的言与行，一个人如果行得正，做人正派正气，心底无私，就能泰然自若。

生活中，仗义执言的人越来越少，见义勇为的人也不多，一些人本着明哲保身的态度，丧失了正义感和责任心。还有一些“好好先生”型的人，什么事都“好好”，没有正确的立场和态度。更有一些人对上唯命是从，对下姑息养奸，做工作不负责任，缩手缩脚，面对邪恶唯唯诺诺，面对强权不敢理直气壮地说句话，说穿了，这样的人“私”字当头，全身私心，身不正，心更不正。

哲学家蔡尚思说过：“心中无鬼，处处无鬼；心中有鬼，处处有鬼。”很多人之所以经常会有怕这怕那、畏首畏尾的想法，归根结底是因为心中存在形形色色的“鬼”。

古代有个瑞严寺，附近的村庄由于地处偏僻，民未开化，人们普遍信奉鬼神。

后来瑞严寺来了住持云居禅师，听说信鬼神事，就对弟子说：“妖魔鬼怪都是由心而生。行正，不怕影邪。只要自己心中无愧，就不招外鬼。”

说来也是，那些在民众中流传的妖魔精怪，似乎都不敢招惹云居禅师。

在一个伸手不见五指的黑夜，云居禅师像往常一样去坐禅。当他穿越松林时，突然，低垂的树枝间伸出了两只爪子之类的东西，抓住了云居禅师的光头！

天哪，这完全是出乎预料的、突如其来的袭击，足以令人魂飞胆破！然而，云居禅师既没有吓得哇哇大叫救命，撒腿就跑；更没有心惊胆战，骇得半死。他毫不惊惶，静静地站立在原地，任那东西在自己的光头上抚摸……

他的镇静自若，反而将那东西吓了一跳，急急忙忙缩了回去。云居禅师若无其事地继续坐禅去了。

他走远之后，一个黑影从树上跳下来，惊慌失措地跑回了村里。原来，村里的年轻人想看看云居禅师是否真的不怕鬼神，他们经过周密的筹划之后，由一个人夜里潜伏在浓密的松枝上，等云居禅师经过时，假扮魔鬼，突然摁住他的脑袋。

谁知，他们的恶作剧，对于云居禅师竟然毫无作用。他们十分纳闷：一个人在走夜路的时候，本来就有些胆战心惊，突然之间被一个东西抱住脑袋，应该毛骨悚然才对，为什么禅师竟毫不惊恐、慌乱呢？他们跑去问禅师。

云居禅师说："世上根本没有鬼那东西，所有的精怪魔境，都是人心变现，是虚假不实的幻影、幻象。"

"可是，有人说他们在走夜路时，真的被魔鬼抱住了脑袋，吓得昏了过去。"有位青年问。

"老衲的光头昨夜也曾被抱住过，但那不是魔鬼，而是有人故意装神弄鬼。并且，老衲还知道，这是你们年轻人以恶作剧取乐，并无恶意。"

"咦，你怎么知道得一清二楚？"

云居禅师一笑，用手指点着他们的额头说："因为，只有你们年轻人的手，才能伸缩得那么迅捷；你们的血液循环快，所以手才那么热乎！"

几个年轻人惊呆得半晌说不出话来，他们对云居禅师更是佩服得五体投地。

是啊，在那遭受突然惊吓的紧急关头，云居禅师能从一双手的热度，判断出是年轻人的手！这种定力，可说是泰山崩于眼前而不动心，利刃架于脖项而不改色。

人身正，心中定有浩然正气。心正，才能言正、行正、身正。

公元405年秋，陶渊明为了养家糊口，来到离家乡不远的彭泽当县令。这年冬天，郡太守派出一名督邮，到彭泽县来督察。督邮，品位很低，却有些权势。这次派来的督邮，是个粗俗而又傲慢的人，他一到彭泽的旅舍，就差县吏去叫县令来见他。陶渊明平时蔑视功名富贵，不肯趋炎附势，对这种假借上司名义发号施令的人很瞧不起，但也不得不去见一见，于是他马上动身。

不料县吏拦住陶渊明说："大人，参见督邮要穿官服，并且束上大带，不然有失体统，你如此衣着督邮要乘机大做文章，会对大人不利的！"

这一下，陶渊明再也忍受不下去了。他长叹一声，道："我不能为五斗米向乡里小人折腰!”说罢，他索性取出官印，把它封好，并且马上写了一封辞职信，随即离开只当了八十多天县令的彭泽。

陶渊明身正心正，为官一任心怀百姓，终不为五斗米折腰，留下青史美名。古人云：“心为形所累。”做人一旦掺杂太多的功名利禄，就会让人处处受到无形的羁绊，不得自由进退。这样不仅会牵制人前进的步伐，而且会腐蚀人纯净的心灵，使人走向堕落、失败。人只有去除了内心的私欲，才能面对强暴无畏无惧、一往无前；才能身处逆境谈笑自如、坦坦荡荡；才能言行朴实、不事张扬、做人低调；才能淡然、坦然面对人生，轻装上阵，展翅高飞!

一天，佛印和苏东坡到茶馆里喝茶。

侍者见佛印是一个出家人，就对他显得非常冷淡，而对苏东坡则十分热情。

苏东坡感到过意不去，几次提醒侍者对佛印客气些。但是侍者显然是一个非常势利的小人，依然对苏东坡明显更热情些。

苏东坡不高兴了，一言不发，结完了账。而佛印掏出一文银子，递给侍者，并道谢，态度非常谦恭。侍者羞愧。

走出茶馆门口，苏东坡问佛印：“这人态度很差，是不是?”

佛印说：“是一个势利的小人，他的行为令人讨厌。”

苏东坡问：“那你为什么对他还是那样客气，而且还赏钱给他呢?”

佛印道：“为什么我要让他决定我的行为，给他钱对他说话客气，是我为人处世的一贯行为，因为他为我服务了。”

佛印是有修养的人，他的心干净，人也干净。我们要有不让他人态度决定我们行为的心态，这样内心干净，心无杂念。多么耐人寻味的一句话！如果我们都学会这样想、这么做，生活中高尚的人会越来越多。

第六章

谨言慎行，是为根本

为善最乐，读书最佳

“为善最乐”是南怀瑾一生遵循的做人原则。正所谓“与人为善，善莫大焉”，为善、行善是人类崇高的道德修养，是中华民族的传统美德，更是和谐社会的润滑剂。古代儒家讲究“为善”，说“人之初，性本善”。英国哲学家罗素说：在一切道德品质之中，善良的本性在世界上是最需要的。

我国北宋年间，赵匡胤统一中原的时候，当时的大将曹彬被派去征伐南唐。曹彬一路势如破竹，直逼南唐都城建康。可是正要准备攻击建康的时候，曹彬却生病了。这下可急坏了三军将士，部下将官都跑去看望曹彬，并准备带军医去为他诊断，可是曹彬说："不必了，我患的是心病，医生是治不好的，只有你们各位能治好我这病。"

这下，部下将官就更着急了，到底做些什么能治好主帅的病呢？曹彬告诉他们说："只有一个办法，就是在我们打进建康的时候，任何人都不得滥杀无辜，更不许奸淫掳掠，你们大家能不能做到？"部下将官齐声回答："主帅只管吩咐就是。"曹彬说："嘴上说说可不行，大家必须要发誓遵从命令才行。"于是将官们发誓攻破建康城后绝不屠杀城内百姓。

原来，曹彬因为深知部下将官嗜杀成性，又不好打击将官们的士气，于是就用了"生病"这一招，果然奏效。曹彬部队进城后，丝毫没有屠杀百姓，当后主李誉身穿白袍在曹彬面前表示投降的时候，还赞扬他治军有方，自己心甘情愿率军民投降。

曹彬的做法显示出他为人善良的一面，他面对着一城无辜的百姓，不忍心看到血流成河的局面，于是出此"方法"。

曹彬除了心善，为人乐善，他还经常告诫他的儿子：领兵作战，关键要靠纪律，不可动不动就屠城、焚烧民房、掠夺民财、奸淫妇女。见到别人的父母逃亡，应该想想如果自己的父母逃亡，我能做什么？看见别人的妻子儿女流离失所，应该想想如果自己的妻女也像这样，我能做什么？免除苍生劫难，是当权者应该肩负的责任。

当然，拥有一颗善良的心并不只是在与人交往时需要，它在生活中方方面面都需要，也是人立身为人必须保持的品行操守，它远胜过任何美丽的言辞，善良没有国界，不分贵贱，善良的心是金子，是宝石。善良的人，并不一定非要做出什么惊天动地的事，也许就是在别人需要帮助的时候能够不计恩怨、无私地伸出援手，或是一句简单的鼓励话语。

很早以前，有一个武状元，自以为功高官大，常常欺负邻居——白胡子老汉。

一天，白胡子老汉将三个儿子喊到面前说："我当了一辈子家，常常受人欺负，惹得你们也怄了许多闷气。现在我老了，轮到你们当家了，今天我给你们每人十两银子，出门做一件功德事回来，谁有美德，谁就当家。"

过了几个月，三个儿子都回来了。大儿子说："我走到河边，看见一妇女跳河自杀，我跳进河里把她救上岸来，她身怀有孕，我等于救了两条人命"。老汉点了点头没言语。

二儿子说："我走到一个村庄，看见一户人家失火，这天刮着大风，全村都很危险，我只身跳进火里，将火扑灭，保住许多人家的生命财产。”老汉笑眯眯的没有说话。

三儿子说：“爹，我对不起您老人家，我发现我做了一件蠢事，救了一个仇人。那天，我路过大山，看见咱邻居武状元出征胜利归来，高兴的喝醉了酒，倒在悬崖边上睡着了，一翻身就能滚到崖下，摔个粉身碎骨。我本想把他掀下崖去，你知道他一直欺负咱们家，欺负我，可是我又一想，边疆正需要他去防守，沙场需要他去征战，最后我还是把他喊醒了。他羞愧满面，深深给我作了一个揖，上马去了。”

白胡子老汉听后，连连点头，说：“大儿救命保住一人，二儿救火保住一家，但三儿不计前嫌救了仇家，很好啊。只有国家太平，老百姓才能安居乐业。三儿你抛弃了个人恩怨，心怀善意，以德报怨，先为国，后为家，这是最高尚的美德。”

人生的最高境界，是经历了风雨，仍有一颗不染尘埃的善心。善良，是一种人性美，不需要回报，凝聚人格的魅力。善良能改变世界。

唐代著名禅师石头希迁是一位得道的高僧，被后人称为石头和尚。他在世的时候，曾为世人开过“十味奇药”：

“好肚肠一条，慈悲心一片，温柔半两，道理三分，信行要紧，中直一块，孝顺十分，老实一个，阴骘全用，方便不拘多少。”服用方法为：“此药用宽心锅内炒，不要焦，不要燥，去火性三分，于平等盆内研碎，三思为末，六波罗蜜为丸，如菩提子大，每日进三服，不拘时候，用和气汤送下。果能依此服之，无病不瘥。切忌言清浊，利己损人，肚中毒，笑里刀，两头蛇，平地起风波——以上七件，速须戒之。”

此“药方”说明人要正直并且富有爱心。

中国人是有着善良传统的，俗话说：滴水之恩，当涌泉相报。善良，永远不“过期”，善良的人会收获感恩、知恩、感动、尊重。

一天晚上，残梦禅师正在方丈室读书，突然听到墙壁上有声响，猜想可能是个小偷，于是就叫弟子道：“拿些钱给那凿墙的朋友吧！”

他的弟子走到邻室，大声地说道：“喂！不要把墙壁弄坏，给你些钱就是了！”小偷一听，吓得转身就逃走了。

残梦禅师以责备的语气对弟子说道：“你怎么可以大声吼叫？一定是你的声音太大，把他吓着了，可怜他钱也没有拿到就跑了；这么冷的天气，他可能还没有吃过晚饭，你赶快追上去把钱拿给他。”

弟子没法儿，只得奉师命，在寒冷的深夜里，去追赶那个小偷。

还有一位名叫安养禅尼的禅师，一天夜半睡觉时，小偷潜进来偷窃，把她唯一的一条棉被偷走了，安养没有办法，只好以纸张盖在身上取暖。

小偷在惊慌逃跑的路上，被负责巡逻的弟子撞见了，仓皇中将偷到手的棉被遗留在地上。徒弟们捡到这床师父的棉被，赶紧送回师父房间。

此时，安养禅尼身上正盖着纸张，缩着身子打哆嗦。她看到弟子送回的棉被说道："哎呀！这条棉被不是被小偷偷走了吗？怎么又送回来呢？也许他没有了这条棉被会被冻死的，回去送给他好了！"

弟子无奈，在师父的百般催促下，费了九牛二虎之力，才把逃得很远的小偷找到，表明师父的意思，坚持把棉被还给他。小偷受了感动，特地跑回寺院向安养禅尼忏悔，从此改邪归正。

上面故事中的方丈、禅尼的"所为"，虽然看似有些过于迂腐，但是，他们无私的善心、宽广的胸怀却让人感动。他们都是道德高尚的人。

人要有一颗善良的本心。人之初，性本善，每个人刚生下来心都是善良的，只是经过风雨后，有些人改变了本心，所以，常擦擦心，将尘埃擦去，让心的“本来”露出来，我们的言、行才会最美丽。实际上，各行各业的人，也都需要有一颗善良的心。善心，能促进人与人和谐相处，促进社会的和谐发展。

和则盛，不和则衰

南怀瑾提倡人和，他说中国古人重视宇宙自然的和谐、人与自然的和谐，注重人与人之间的和谐。比如，孔子主张“礼之用，和为贵”，孟子提出“天时不如地利，地利不如人和”，都是以和睦、和平、和谐为价值目标。因此，“和为贵”成为人们处世的基本原则。

“和”既是人际行为的价值尺度，也是人际交往的目标所在。生活中，诚信、宽厚、仁爱待人体现了“和”；恪守本分、互不干涉、“井水不犯河水”也体现了“和”；还有“和而不同”，求同存异，谋求对立面的和睦共处等，都是“和”的内容。

中华民族数千年的发展过程中，充分体现了“和”这样一种思想。如表现在中国古代民族之间的关系上，总体来说，历代皇朝都比较重视推行“和抚四夷”的民族友好政策。唐贞观年间的民族友好关系更是被称作典范；表现在对外关系上，推行“协和万邦”的对外友好政策，使节往来频繁，唐长安一度出现万邦来朝的盛况；表现在人际关系上，则通过“礼”的规范作用，来达到人与人之间的和谐相处，如此等等。

古代兵家思想也认为“天时不如地利，地利不如人和。三里之城，七里之郭，环而攻之而不胜。夫环而攻之，必有得天时者矣，然而不胜者，是天时不如地利也。城非不高也，池非不深也，兵革非不坚利也，米粟非不多也，委而去之，是地利不如人和也”。其大意是：适合作战的天气不如适合作战的地形，适合作战的地形不如上下团结一心。周围三里的内城和周围七里的外城，包围起来攻打却还不能取胜。能够包围城池，这说明一定是占了天时，这样还没有取胜的原因，就是因为天时不如地利的优势。城墙不是不高，护城河不是不深，兵器盔甲不是不够坚固锐利，军粮也不是不够吃，但是却很快地弃城逃跑，这是因为地利的优势比不上众人的团结一心。

事实表明，对国家来说，“和”则盛，不“和”则衰，而形成人之“和”则需“调也”。

三国时著名的孙刘联军与曹军对峙于赤壁。联军先是致书曹操诈降，曹操中计，然后联军又采用火攻之计大败曹军。在赤壁之战中，曹操可谓占尽天时，但刘备与孙权能够在强敌进逼之时结盟，依仗长江天险，扬水战之长，巧用火攻，可以说是占尽了地利、人和，最后打赢战事即是情理之中的事。

不仅是战事适应这样的道理，一个人、一个企业要想有所发展，必须抓住“和”这一武器，抓住有利时机，抢占优势地位，这才是成功的基础和前提。人和、事和，共同发展，实现共赢。

牧野之战是中国历史上著名的民心向背、以少胜多、以弱胜强的战例。

《诗经》记载：“牧野洋洋，时维鹰扬。凉彼武王，肆伐大商，会期清明。”商纣王子辛耗巨资建鹿台、矩桥，造酒池肉林，使国库空虚。宠信爱妃妲己以及飞廉、恶来等一帮佞臣，妄杀王族重臣比干，囚禁箕子，造成诸侯臣属纷纷离叛。

公元前1046年27日清晨，周武王庄严誓师，历数子辛的种种暴行，即为《尚书》所记载之“牧誓”。28日拂晓，联军进至牧野。根据《史记》记载，子辛出动的总兵力有70万人，另一些文献记载是17万人，但武王联军总数仅4500人。由于商纣王一贯恶行以及百姓、军士积怨极深，战事刚刚开始，商军便开始倒戈溃散。商纣王只好返回朝歌，登上鹿台，“蒙衣其珠玉，自燔于火而死”，商朝正式灭亡。纣王是失人心而亡。

历史上的春秋时代“晋国智伯水淹赵氏，反被赵氏所灭”也是经典的阐述“人和”的例子。

公元前455年，智、魏、韩三家的兵马，把晋阳围住，而赵氏的军队士气旺盛，坚守城池，使敌方难以攻下，双方相持了近两年时间。到了第三年，即公元前453年，智伯引晋水淹晋阳城，几天后，城墙差几尺就要全部被淹了。城里高悬锅子烧饭；粮食没有了，就交换孩子来吃。臣僚们也出现了离心倾向，礼节怠慢，形势很危急。赵襄子派相国张孟乘黑夜出城，分化三家的联盟。张孟对韩康子与魏桓子说：“唇亡齿寒，赵亡之后，灭亡的命运就要轮到你们了。”

韩、魏参战本来是不情愿的，又见智伯专横跋扈，也担心智伯灭赵后将矛头对准自己。为了自身利益，所以决定背叛智伯，与赵襄子联合。

一天晚上，韩、赵、魏三家用水反攻智伯，淹没了智伯的军营，智伯驾小船逃跑，被赵襄子抓住后杀掉。于是赵襄子灭掉了智氏一族，韩、赵、魏三家平分了智氏的土地和户口，各自建立了独立的政权。

隋炀帝杨广也是因为不注重“和人心而失天下”，成为暴君的代表。他是历史上有名的骄奢淫逸的皇帝。在他统治期间，欺压百姓，民脂榨尽。仅建筑东都洛阳，每月役使200万人，半数以上都死在工地。

他在西郊建造了一个大花园，方圆100公里。从江南采得大木柱，运往东都，每根大柱需2000人往返运送，沿途络绎不绝。据记载，西苑“堂殿楼观，穷极华丽”，不知搜刮和浪费了老百姓多少财富！

公元611年，隋炀帝为了发动攻打高丽的战争，大量征兵、调粮、造战船。在隋朝官吏监督之下，造船工们日夜立在水中工作，腰部以下都生了蛆，死了很多人。被政府征调的兵役，由全国各地向幽州（今河北、辽宁地区）集中，源源不断；搬运粮食、兵器、盔甲和攻城机械的民夫千里征途，日夜不绝。许多人有去无回，尸体“臭秽盈路”，十分凄惨。

从公元614年到617年间，农民革命的风暴席卷全国大部分地区，先后在全国各地兴起的大小起义军不下100支，参加的人数达数百万。后来，农民起义军汇成三支强大的农民革命队伍：一支是河南的瓦岗军，一支是河北的窦建德军，一支是江淮地区的杜伏威军。起义军瓦解了隋炀帝的暴虐统治，打击了士族地主，对唐初的统治有着非常重大的影响。杨广最终自食恶果，丧失民心，不但葬送了自己，也亲手葬送了大隋王朝。

“和”无论对个人还是国家，都太重要了，那么该如何做到“和”呢?

（1）对他人要存敬爱之心，与人为善，用真诚的心关爱和帮助他人。

（2）别人即使不善，我们也要尽心尽力去以“和”感化他，尽量不与他人为敌。

（3）顾全大局，让“成人之美”成为习惯。

事实上，只要你把“和为贵”的理念根植于你的脑海里，用“和为贵”的思想指导你的行动，你的人生就没有做不好的事，也没有处理不好的关系。

不如能容，不如能化

南怀瑾经常引用中国古语：“壁立千仞，无欲则刚；海纳百川，有容乃大。”他说宽容和豁达是人立足于社会无坚不摧的利器，人只有宽容、豁达，才能做大事。南怀瑾是这样说的，也是这样做的。

宽容、豁达要有度量，度量大的好处在于能化解矛盾，消融争端，从而做得成事。

宋朝的韩琦一次与范仲淹议事，两人意见不合，范仲淹想拂袖而去。此时，韩琦却一把拉着范仲淹的手说："有什么事不可以再商量呢?"韩琦和气满面，范仲淹见此情景，怒气顿消。像韩琦这种态度，什么事不能办成呢?

宋太宗时期，有人上奏说在汴河从事水运工作的官吏中，有人私运官货到其他地方卖，影响到周围的一些人，众人颇有微词。

看了奏折后，太宗对左右说："要将这些吸血鬼完全根除实在不是容易的事，这就像以东西堵塞鼠洞一样无济于事。对此，不可以过于认真，只需将有些做得过分的、影响极坏的首恶分子惩办了即可。如有些官船偶有挟私行为，只要他没有妨碍正常公务，就不必过分追究了。总之，这样做也是为了确保官运物质的畅行无阻呀!"

站在一旁的宰相吕蒙正听后表示赞同，他说："水若过清则鱼不留，人若过严则人心背。一般而言，君子都看不惯小人的所作所为，但如过分追究，恐有乱生。不若宽容待之，使之知禁，这样就能使管理工作顺利开展。从前，汉朝的曹参对司法与市场的管理非常慎重，他认为在处理善恶的执法量刑上应该有弹性，要宽严适度，而谨慎从事，必然能使恶人无所遁形。这正如圣上所言，就是在小事上不要太苛刻。"

吕蒙正不仅是这样说的，也是这样做的。他素以不喜欢与人斤斤计较而出名。他刚任宰相时，有一位官员在帘子后面指着他对别人说："这个无名小子也配当宰相吗?"

吕蒙正假装没听见，大步走了过去。其他参政为他愤愤不平，准备去查问是什么人敢如此胆大包天，吕蒙正知道后，急忙阻止了他们。

散朝后，有些参政还感到不满，后悔刚才没有找出那个人。吕蒙正对他们说："如果知道了他的姓名，那么就一辈子也忘不掉。这样的话，耿耿于怀，多么不好啊！所以千万不要去查问此人姓甚名谁。其实，不知道他是谁，对我并没有什么损失呀。"当时的人都佩服他心胸宽广、气量大。

人的胸怀大小依于德行深浅，有德者胸怀必宽广。胸怀宽广不是天生的，它是一个人在成长过程中磨炼而成的，也关系到人的见识、修养和品德。

据史书记载，三国蜀将蒋琬也是一位胸怀宽广的朝廷重臣。

部下杨戏是一个性格狂傲粗疏之人，蒋琬与他商事，他常不应不理。有人看不过去，就给蒋琬说："杨戏真是太不尊敬你了。"

蒋琬说："人心的不同，正像各人的面孔各异一样。表面上服从，背后又说反对的话，这是古人引以为戒的啊！要让杨戏赞同我，这不是他的本性，要让杨戏说反对我的话，又显示了我的错误，因此，他只好沉默，这正是杨戏耿直的地方啊！”

位高权重的蒋琬竟能如此处事待人，足见他心胸宽广。而周围人更觉得他为人大度，有大将风范。

所以，当我们受到不公正的批评时，不妨大度地笑一笑，不要纠缠于此。遇到破坏自己情绪的事，即使心头不快，也要考虑到大局，忍一忍，告诉自己一点：这些不快又算得了什么呢？

宋太宗时，官拜殿前都虞侯的孔守正和另一位大臣王荣侍奉太宗酒宴，孔守正喝得酩酊大醉，就和王荣在皇帝面前争论起守边的功劳来，二人越吵越气愤，以至于把宋太宗晾在一边，完全失去了为臣应有的礼节。

侍臣看不下去了，就奏请太宗将这两个人抓起来送吏部去治罪，太宗没有同意，而是让人把他们两人送回了家。第二天，两人酒醒了，想起昨天的行为，一起赶到金銮殿向皇上请罪。太宗却不以为然，只是说：“朕也喝醉了，记不得那些事了。”

宋太宗托词说自己也喝醉了，对两位臣属对自己的冒犯不加追查，既没有丢失朝廷的面子，又让两位大臣警觉自己的言行，这是两全其美的事，何乐而不为呢？

有胸怀、宽容的人，对人善良，不计较自己的吃亏，不以自己的“面子”为重，能帮他人时不袖手旁观，喜欢做锦上添花之事，但不会在他人落难时落井下石。

文明礼仪，立己兴邦

南怀瑾认为，讲礼仪是以礼仪之邦著称于世的中华民族优良传统的重要内容。他说，中国古代的礼常被视为“众善之缘，百行之首”，与列为“四德”“五常”之首的“仁”常连在一起。比如，孔子主张“克己复礼为仁”，具体做法是“非礼勿视、非礼勿听、非礼勿言、非礼勿动”。此后，中国古代社会发展的一整套“礼”的规范，在影响社会风气方面发挥了重要作用。即使是今天的社会，小到人与人之间的交往，大到国家、民族之间的交往，注重礼节都是一项重要的内容。

《论语》有云："质胜文则野，文胜质则史。文质彬彬，然后君子。"意思是说，一个人如果朴实多于文采，就显得有些粗野，而文采多于朴实，就有些华而不实。如果文采和朴实配合恰当，这才是君子。现在我们常用"文质彬彬"来形容文雅有礼的人。

孟子在《告子上》记载："恭敬之心，人皆有之。"即强调人要有恭敬之心，并告诫世人，人只有恭敬之心，才不会使自己变得浮躁，才不会使自己产生骄傲自满的心理。

人在面对巍峨的山峰时，会感叹自己的渺小；在面对浩瀚的宇宙时，会感叹自己的肤浅。恭敬之心不仅仅是对他人礼貌的一种表现，也是对追求自身品德完善所提出的要求，更是为整个社会良好风气的形成做出的贡献。恭敬之心是道德素养的一种表现，有了它，人生才会更加充实而美好，才会活得更有意义。

孟子曰："食而弗爱，豕交之也。爱而不敬，兽畜之也。恭敬者，币之未将者也。恭敬而无实，君子不可虚拘。"意思是说，对亲人供给食物却不加以爱护，那就像养猪一样。爱护却没有恭敬之心，那就像畜养家禽一样。恭敬的心情，在给人送礼物之前就应该具备。而表面上的恭敬，实际上心里却不恭敬，君子万不可以拘泥于这种虚假的形式。

天子商纣王残暴不仁，但是姬昌对他却十分恭敬，一再进言希望纣王能够实行仁政，废除暴政。商纣王不但不听，反而将姬昌囚禁。

后来姬昌被放归，但他依旧毫无怨言，回到国中继续广施仁德，使天下三分之二的土地都归附于西周，后来姬昌去世，他的儿子周武王即位，最终推翻了商纣王的统治，姬昌被尊称为周文王，成为一代明君圣王。

有些人对达官显贵采取恭敬的态度，是因为惧怕他们手中的巨大权力；有些人对富商巨贾采取恭敬的态度，是因为羡慕他们的亿万家财。但这样的恭敬根本算不上真正的恭敬，而只能算是趋炎附势、阿谀奉承。那么，如何真正地做到“恭敬”呢？

恭敬，在古时候，这两个字各有侧重，敬是指内心修养，恭则是这种修养的外在反映或者显现。恭敬作为传统文化的一部分，虽也有封建阶级的烙印，但作为内修的一种方式，要求个体以温和的态度待人接物，却是值得肯定的。

存有恭敬之心，并不是要对他人奴颜婢膝，而是说要在精神上和人格上尊重对方。“恭敬”之心、“恭敬”之情，这种种过程都是对心的尊重，人贵在心与心的对等，心与心的沟通。我们在古人的些许言行中，也可以感受到他们的馨馨德行。像“恭者不侮人，俭者不夺人。侮夺人之君，唯恐不顺焉，恶得为恭俭？恭俭，岂可以声音笑貌为哉？”意思是说，存恭敬之心的人是不会欺侮别人的，生活简朴的人也不会掠夺别人的财富。有的君主欺辱、掠夺别人，唯恐别人不顺从他，他哪里称得上恭敬、节俭？恭敬和节俭，是不可以用声音和笑脸表现出来的。

人真正心存恭敬，会在和人交往时，就先产生一种尊重他人的态度，因为他知道自己首先要尊重他人，他人才会尊重自己。比如孔子同鲁国的权臣阳货是政敌，但阳货拜访孔子，孔子不在家，于是就给孔子留下了一只火腿，而“礼尚往来”，事后，孔子携礼物也去阳货家拜访。儒家的先贤们谨遵礼法，就是希望通过自己的言行为后世树立榜样。

“礼”作为一种法律制度和行为规范，在中国两千多年的封建社会中一直存在，并且一直延续到今天，去其糟粕，扬其精华，让我国成为“礼仪之邦”。

汉明帝刘庄做太子时，博士桓荣是他的老师，后来刘庄继位做了皇帝，“犹尊桓荣以师礼”。

刘庄曾亲自到太常府去，让桓荣坐东面，设置几杖，像当年讲学一样，聆听老师的教导。他还将朝中百官和桓荣教过的学生数百人召到太常府，向桓荣行弟子礼。

桓荣生病，汉明帝刘庄派人专程慰问，甚至亲自登门看望，每次探望老师，汉明帝都是一进街口便下车步行前往，以表尊敬。进门后，常常拉着老师枯瘦的手，默默垂泪，良久乃去。

当朝皇帝对桓荣如此，“诸侯、将军、大夫问疾者，不敢复乘车到门，皆拜床下”。桓荣去世时，明帝还换了衣服，亲自送葬，并将桓荣的子女做了妥善安排。

所以，孟子说“非礼之礼，非义之义，大人弗为”，就是说不符合礼仪的行为，不符合仁义的行为，德行完备的人是不会去做的。在现代社会，我们不仅要继承先贤的“礼”，还要发扬光大“礼”，遵守“礼”的基本表现，比如，尊老爱幼的礼、先人后己的礼、相互帮助的礼，等等。对上下级之间、长辈与晚辈之间、师生之间、同学之间、朋友之间、同事之间、邻里之间等也都要彬彬有礼。

生活中处处需要我们对“礼”进行维护，因为很多事情都要有“礼”作支撑。“礼”是我们的语言，恭敬是我们的信念，彬彬有礼、恭恭敬敬，既可以让别人感到欣慰，又可以增进团结和友谊，这是一举两得的事情。所谓“敬人者”，人才能“恒敬之”。

不贵于无过，而贵于能改过

南怀瑾说：“人要有改错纠谬的勇气。”并认为，做人有改正自己、检讨自己，这是进步的开端。人绝不能让所谓的“成绩”或“成就”蒙蔽了自己的双眼，也不能自以为是，认为自己永远正确。

曾子说：“吾日三省吾身，为人谋而不忠乎？与朋友交而不信乎？传不习乎？”表明了他常对自己反省，常以正确的态度正视自己的错误，并勇于改正。

中国古代有一则著名的故事，说的是在东晋时的江苏宜兴，有一个著名的强横少年，名叫周处，由于他凶横无比，人们又恨又怕，将他与当地山上吃人的猛虎与河里凶残的恶蛟相提并论，称为“三害”。

周处知道后，想改变自己的形象，主动去与乡老商量，要杀猛虎和恶蛟。杀死了猛虎以后，他又下河去杀蛟，徒手与蛟龙搏斗，沿江沉浮而下，三天三夜之后，血水把河面都染红了。人们以为周处死了，欢呼雀跃，谁知周处此时却杀了蛟龙回到乡里。

他满怀高兴，却看到的是人们为他死而庆贺的场面，真是难过至极。于是，他就到当时著名的文人陆机、陆云兄弟家中，倾诉了他的苦闷，说：“我现在是十分痛悔以前所作所为，只怕是自己年事蹉跎，改也来不及了！”

陆云对他说：“古训有言，早晨能认识真理，就是晚上死了，也无所遗憾。认识错误，改正错误没有早晚的区别。一个人只怕不立志，哪里有发奋做人而一事无成的道理？更何况你年华正茂，前途还很远大！”

周处听了，回家潜心习武，刻苦读书，终于在朝廷谋得了一官半职。后周处官至御史中丞，成为国家的大将，在抵抗外族入侵的斗争中，以身殉国，成为一名英雄。

“改过宜勇，迁善宜速”，这是古人对反省的经验。一个人在前进的路途中，难免会出现这样或那样的过错。如果做错了一件事，说错了一句话，最好的弥补方法，就是尽快堂堂正正地承认自己的错误，表示自己的悔改之意，采取积极的行动去弥补自己的过失，这样非但不会因暴露丑恶而使自己失“面子”，反而人们会因为你的坦率、诚实而引起人们对你的敬佩和尊重。

秋天的傍晚，鼎州禅师和一个沙弥在庭院里散步，突然刮起一阵瑟瑟秋风，树上的叶子纷纷扬扬地飘落下来。

禅师弯下腰，将树叶一片片地捡起来，放在口袋里。一旁的小沙弥说道：“师父，不要捡了，反正明天一大早，我们都会打扫的。”

鼎州禅师一边继续蹲下来捡落叶，一边不以为然地说道：“咱们每天都在打扫，难道地上就一定会干净吗？我多捡一片落叶，就会使地上多一分干净啊！”

小沙弥不服气地回答道：“师父，落叶那么多，您前面捡，它后面又落下来，您怎么捡得完呢？”

鼎州禅师边捡边说道：“落叶不光落在地面上，还落在我们心上啊！地上的落叶捡不干净，我捡我心里面落下的落叶，终有捡完的时候！”

小沙弥听后，终于懂得禅师为什么总是那么平静和慈祥了。

大地山河究竟有多少落叶先不必去管它，现实生活有多少烦恼也不必太在意，但心里的落叶确实是捡一片少一片，心里的妄想与陋习，是去掉一个少一个。人常常反省，如同捡拾心中的落叶，心灵就会慢慢洁净。

慧忠在南阳修道时，有一次，被许多的贼包围了。但是他面不改色，自顾诵经。

那些贼包围上来，为首的强盗头领见到慧忠“禅德淡若，风神高逸”，便问：“你是人还是神啊？”

慧忠禅师剑眉上挑，气宇轩昂地说道：“神为人造，人将神立，人也是神，神也就是人。此乃人神同一也。正所谓‘即心即佛’，人人都有佛性，人人皆可成佛。施主有一颗善良、纯洁之心，只是被欲望与执着所污染，故而自性不明，宝珠失色，乃至铤而走险，掠人财帛，杀人放火，深陷于欲壑之中不能自拔。罪莫大焉！”

那为首的强盗说：“我们也是被逼无奈，不得不偷，不得不抢，不得不杀……”

慧忠说：“罪过呀，罪过！难道你们不知道，害人必害己吗？你抢别人的，实际上是在抢你自己的。你伤害别人，实际上是伤害你自己。”

贼首愕然，问：“此话怎讲？”

慧忠耐心地解释说：“你把自己原本善良的心丢掉了，其实，盗人实为盗己。你杀别人实际上是把自己的内心也杀掉了，这叫咎由自取！”

贼首问：“是呀！杀人害己，这我也知道，尤其是天理难容，良心不安哪！可那又能怎么办呢？”

慧忠说：“放下屠刀，立地成佛。”

贼首说：“这可能吗？那老佛爷能宽恕我吗？”

慧忠说：“这就完全看你自己的了，十方诸佛亦在你的心中，罪福果报毕竟性空，了不可得。”

贼首听后，如梦初醒，立刻将手中的剑掷到地上，然后向慧忠跪下，不停地叩头说：“大师，请收我为徒吧！”

慧忠说：“善哉！善哉！阿弥陀佛。”

从这个故事中，可以说“放下屠刀，立地成佛”是佛对人的训诫，即只要肯回头行善，到任何时候都不晚。或许这只是一个佛教上的故事，以此来告诫人们要行善，不要因为一时的不对而轻易地放弃了自己的生命，毕竟错了还有改过的机会，只要你的心中还有悔改的念头，只要你的心中还有善的种子正在萌芽，改正便不晚。而从另一方面来说，我们任何时候都不能放弃改正自己的错误，不能因为自己做过一些不好的事，就得过且过，失去信心。有句话叫“浪子回头金不换”，人犯了错误并不可怕，有知错能改的勇气，就是一种可贵而难得的品质。

在我们的一生中，没有谁是不犯错误的。因为错误是难免的，但是如何去弥补、去改正犯下的错误，这才是最重要的。

人皆有弱点，一旦真的出现过错，就怕影响自己在他人眼中的形象。有些人因虚荣心“作祟”，喜欢为自己辩护和开脱，实际上，这种文过饰非的态度常会使一个人在正确的航道上越走越偏离中心。人不怕犯错，怕的是对待错误没有正确的态度。所以，我们要明白，一个人在开诚布公地敞开自己的心扉和正视自己错误的同时，会得到他人的宽容和帮助的。还有勇于认识错误、改正错误，有知耻上进的心才能进步，同时也会有更好的发展前途。